碳达峰碳中和干部读本

碳达峰碳中和工作领导小组办公室
全国干部培训教材编审指导委员会办公室

组织编写

党建读物出版社

出 版 说 明

2022 年 1 月 24 日，习近平总书记在中央政治局第三十六次集体学习时发表重要讲话，强调"各级领导干部要加强对'双碳'基础知识、实现路径和工作要求的学习，做到真学、真懂、真会、真用。要把'双碳'工作作为干部教育培训体系重要内容，增强各级领导干部推动绿色低碳发展的本领"。实现碳达峰碳中和是一场广泛而深刻的经济社会系统性变革，涉及各地方、各部门、各领域、各行业，不仅是业务、技术问题，更是政治、经济、社会、外交问题，是对我们党治国理政能力的一场大考。为切实提高各级领导干部推进碳达峰碳中和工作的能力，增强抓好绿色低碳发展的本领，我们组织编写了《碳达峰碳中和干部读本》一书，供各级干部教育培训机构教学使用和广大党员干部学习参考。

碳达峰碳中和工作领导小组办公室

全国干部培训教材编审指导委员会办公室

2022 年 7 月

目　录

第一讲
习近平总书记亲自谋划、亲自部署、亲自推动碳达峰碳中和工作

实现碳达峰碳中和，是以习近平同志为核心的党中央统筹国内国际两个大局作出的重大战略决策，是立足新发展阶段、贯彻新发展理念、构建新发展格局、推动高质量发展的内在要求。习近平总书记高度重视碳达峰碳中和工作，多次作出重要指示批示，并在国内外重大场合发表重要讲话，为碳达峰碳中和工作指明了前进方向。在习近平总书记亲自谋划、亲自部署、亲自推动下，碳达峰碳中和工作取得良好开局。

一、作出碳达峰碳中和重大宣示

中国一直是生态文明的践行者、全球气候治理的行动派。习近平主席多次在重大多边、双边场合阐述中国实现碳达峰碳中和目标的坚定决心，展现了中国作为负责任大国的作为和担当。

2020 年 9 月 22 日，习近平主席在第七十五届联合国大会一般性辩论上郑重宣示，中国将提高国家自主贡献力度，采取更加有力

的政策和措施，二氧化碳排放力争于 2030 年前达到峰值，努力争取 2060 年前实现碳中和。

2020 年 12 月 12 日，习近平主席在气候雄心峰会上进一步宣布，到 2030 年，中国单位国内生产总值二氧化碳排放将比 2005 年下降 65% 以上，非化石能源占一次能源消费比重将达到 25% 左右，森林蓄积量将比 2005 年增加 60 亿立方米，风电、太阳能发电总装机容量将达到 12 亿千瓦以上。

2021 年 4 月 16 日，习近平主席在中法德领导人视频峰会上宣布，中国将力争于 2030 年前实现二氧化碳排放达到峰值、2060 年前实现碳中和，这意味着中国作为世界上最大的发展中国家，将完成全球最高碳排放强度降幅，用全球历史上最短的时间实现从碳达峰到碳中和。这无疑将是一场硬仗。中方言必行，行必果。

2021 年 4 月 22 日，习近平主席以视频方式出席领导人气候峰会并发表重要讲话指出，中国将碳达峰碳中和纳入生态文明建设整体布局，正在制定碳达峰行动计划，广泛深入开展碳达峰行动。中国将严控煤电项目，"十四五"时期严控煤炭消费增长、"十五五"时期逐步减少。

2021 年 9 月 21 日，习近平主席以视频方式出席第七十六届联合国大会一般性辩论并发表重要讲话指出，中国将大力支持发展中国家能源绿色低碳发展，不再新建境外煤电项目。

2021 年 10 月 12 日，习近平主席在《生物多样性公约》第十五次缔约方大会领导人峰会上指出，中国将持续推进产业结构和能源结构调整，大力发展可再生能源，在沙漠、戈壁、荒漠地区加快规划建设大型风电光伏基地项目，第一期装机容量约 1 亿千瓦的项目已于近期有序开工。

2021年11月1日，习近平主席向《联合国气候变化框架公约》第二十六次缔约方大会世界领导人峰会发表书面致辞指出，中国发布了《关于完整准确全面贯彻新发展理念做好碳达峰碳中和工作的意见》和《2030年前碳达峰行动方案》，还将陆续发布能源、工业、建筑、交通等重点领域和煤炭、电力、钢铁、水泥等重点行业的实施方案，出台科技、碳汇、财税、金融等保障措施，形成碳达峰碳中和"1+N"政策体系，明确时间表、路线图、施工图。

2021年11月11日，习近平主席在亚太经合组织工商领导人峰会上指出，中国已经制定《2030年前碳达峰行动方案》，加速构建"1+N"政策体系。"1"是中国实现碳达峰碳中和的指导思想和顶层设计；"N"是重点领域和行业实施方案，包括能源绿色转型行动、工业领域碳达峰行动、交通运输绿色低碳行动、循环经济降碳行动等。中国将统筹低碳转型和民生需要，处理好发展同减排关系，如期实现碳达峰碳中和目标。

二、部署推动碳达峰碳中和工作

实现"双碳"目标是一项多维、立体、系统的工程，涉及经济社会发展全过程和各领域。习近平总书记牢牢把握我国经济社会发展的理论逻辑、历史逻辑、现实逻辑，对"双碳"工作作出系统部署。

2020年12月16日，习近平总书记在中央经济工作会议上的重要讲话中，把做好碳达峰碳中和工作作为2021年八项重点任务之一，要求加快调整优化产业结构、能源结构，实现减污降碳协同效应，提升生态系统碳汇能力。

2021年3月15日，习近平总书记主持召开中央财经委员会第九次会议，对碳达峰碳中和工作作出总体部署。强调要坚定不移贯彻新发展理念，坚持系统观念，以经济社会发展全面绿色转型为引领，以能源绿色低碳发展为关键，加快形成节约资源和保护环境的产业结构、生产方式、生活方式、空间格局，坚定不移走生态优先、绿色低碳的高质量发展道路。要坚持全国统筹，强化顶层设计，发挥制度优势，压实各方责任，根据各地实际分类施策。要把节约能源资源放在首位，实行全面节约战略，倡导简约适度、绿色低碳生活方式。要坚持政府和市场两手发力，强化科技和制度创新，深化能源和相关领域改革，形成有效的激励约束机制。要加强国际交流合作，有效统筹国内国际能源资源。要加强风险识别和管控，处理好减污降碳和能源安全、产业链供应链安全、粮食安全、群众正常生活的关系。

2021年4月30日，习近平总书记在主持召开中央政治局第二十九次集体学习时指出，"十四五"时期，我国生态文明建设进入了以降碳为重点战略方向、推动减污降碳协同增效、促进经济社会发展全面绿色转型、实现生态环境质量改善由量变到质变的关键时期。要把实现减污降碳协同增效作为促进经济社会发展全面绿色转型的总抓手，加快推动产业结构、能源结构、交通运输结构、用地结构调整。要抓住资源利用这个源头，推进资源总量管理、科学配置、全面节约、循环利用，全面提高资源利用效率。现在，一些部门和地方上马高耗能、高排放项目的冲动依然强烈。有关部门和地方要严把关口，不符合要求的项目要坚决拿下来！

2021年7月30日，习近平总书记主持召开中央政治局会议。会议要求统筹有序做好碳达峰碳中和工作，尽快出台2030年前碳达峰行动方案，坚持全国一盘棋，纠正运动式"减碳"，先立后破，坚决遏制"两高"项目盲目发展。

2021年9月13日，习近平总书记在陕西榆林考察时指出，煤炭作为我国主体能源，要按照绿色低碳的发展方向，对标实现碳达峰碳中和目标任务，立足国情、控制总量、兜住底线，有序减量替代，推进煤炭消费转型升级。

2021年12月8日，习近平总书记在中央经济工作会议上的重要讲话中，将碳达峰碳中和作为需要正确认识和把握的五方面重大理论和实践问题之一，强调绿色低碳发展是经济社会发展全面转型的复杂工程和长期任务，能源结构、产业结构调整不可能一蹴而就，更不能脱离实际。实现碳达峰碳中和目标，要坚持全国统筹、节约优先、双轮驱动、内外畅通、防范风险的原则。要坚持稳中求进，逐步实现。

2022年1月24日，习近平总书记在主持召开中央政治局第三十六次集体学习时强调，实现"双碳"目标，不是别人让我们做，而是我们自己必须要做。要把"双碳"工作纳入生态文明建设整体布局和经济社会发展全局，坚持降碳、减污、扩绿、增长协同推进，加快制定出台相关规划、实施方案和保障措施，组织实施好"碳达峰十大行动"，加强政策衔接。各地区各部门要有全局观念，科学把握碳达峰节奏，明确责任主体、工作任务、完成时间，稳妥有序推进。

2022年1月27日，习近平总书记在山西考察时指出，富煤贫油少气是我国国情，要夯实国内能源生产基础，保障煤炭供应安全，统筹抓好煤炭清洁低碳发展、多元化利用、综合储运这篇大文章，加快绿色低碳技术攻关，持续推动产业结构优化升级。

2022年3月5日，习近平总书记在参加十三届全国人大五次会议内蒙古代表团审议时强调，绿色转型是一个过程，不是一蹴而就的事情。要先立后破，而不能够未立先破。实现"双碳"目标，必须立足国情，坚持稳中求进、逐步实现，不能脱离实际、急于求成，搞运动式"降碳"、踩"急刹车"。不能把手里吃饭的家伙先扔了，结果新的吃饭家伙还没拿到手，这不行。

2022年3月30日，习近平总书记在参加首都义务植树活动时指出，森林是水库、钱库、粮库，现在应该再加上一个"碳库"。我们要坚定不移贯彻新发展理念，坚定不移走生态优先、绿色发展之路，统筹推进山水林田湖草沙一体化保护和系统治理，科学开展国土绿化，提升林草资源总量和质量，巩固和增强生态系统碳汇能力，为推动全球环境和气候治理、建设人与自然和谐共生的现代化作出更大贡献。

三、强调碳达峰碳中和要处理好四对重要关系

2022年1月24日，习近平总书记在主持召开中央政治局第三十六次集体学习时强调，实现"双碳"目标是一场广泛而深刻的变革，不是轻轻松松就能实现的。我们要提高战略思维能力，把系统观念贯穿"双碳"工作全过程，注重处理好四对关系。

发展和减排的关系。减排不是减生产力，也不是不排放，而是要走生态优先、绿色低碳发展道路，在经济发展中促进绿色转型、在绿色转型中实现更大发展。要坚持统筹谋划，在降碳的同时确保能源安全、产业链供应链安全、粮食安全，确保群众正常生活。

整体和局部的关系。既要增强全国一盘棋意识，加强政策措施的衔接协调，确保形成合力；又要充分考虑区域资源分布和产业分工的客观现实，研究确定各地产业结构调整方向和"双碳"行动方案，不搞齐步走、"一刀切"。

长远目标和短期目标的关系。既要立足当下，一步一个脚印解决具体问题，积小胜为大胜；又要放眼长远，克服急功近利、急于求成的思想，把握好降碳的节奏和力度，实事求是、循序渐进、持续发力。

政府和市场的关系。要坚持两手发力，推动有为政府和有效市场更好结合，建立健全"双碳"工作激励约束机制。

四、深刻领会推进碳达峰碳中和的重大意义

推进碳达峰碳中和，具有重大的现实意义和深远的历史意义。党员干部必须深入学习贯彻习近平总书记关于碳达峰碳中和的重要论述精神，增强"四个意识"，坚定"四个自信"，做到"两个维护"，牢固树立推进碳达峰碳中和工作的思想自觉和行动自觉。

（一）推进碳达峰碳中和工作，是破解资源环境约束突出问题、实现可持续发展的迫切需要

党的十八大以来，我国深入贯彻新发展理念，坚定不移走生态优先、绿色低碳的高质量发展道路，着力推动经济社会发展全面绿色转型，取得了显著成效。但我国发展不平衡不充分的问题仍然突出，产业发展尚未跨越高耗能、高排放阶段，以煤为主的能源结构难以在短期内根本改变，生产和生活体系向绿色低碳转型压力很大。

必须以"双碳"工作为重要抓手，加快建设绿色低碳循环发展经济体系，大力推进能源绿色低碳发展，推动形成绿色生产和生活方式，切实维护能源安全、产业链供应链安全、粮食安全，为更高质量、更可持续发展提供坚实的资源环境保障。

（二）推进碳达峰碳中和工作，是顺应技术进步趋势、推动经济结构转型升级的迫切需要

碳达峰碳中和将全面重塑我国的经济结构、能源结构、生产方式和生活方式，创造广阔的市场前景和商业机遇，带来巨大的绿色低碳投资和消费需求，为高质量发展注入澎湃绿色动能。必须以"双碳"工作为重要机遇，紧紧抓住新一轮科技革命和产业变革的机遇，大力促进传统产业与新兴产业协同创新、融合发展，开展绿色低碳技术研发攻关，着力夯实产业发展基础，推动产业链向中高端迈进，切实增强我国综合竞争优势。

（三）推进碳达峰碳中和工作，是满足人民群众日益增长的优美生态环境需求、促进人与自然和谐共生的迫切需要

生态环境是关系党的使命宗旨的重大政治问题，也是关系民生的重大社会问题。近年来我国生态环境质量持续改善，城乡环境更加宜居，但稳中向好的基础还不够稳固，距离人民群众的期望还有一定差距。必须以"双碳"工作为重要引领，大力实施节能减排，全面推进清洁生产，加快发展循环经济，推进减污降碳协同增效，加快实现生态环境质量改善由量到质的关键转变，为人民群众提供更加优美的生态环境、更加良好的生活质量。

（四）推进碳达峰碳中和工作，是主动担当大国责任、推动构建人类命运共同体的迫切需要

保护生态环境、应对气候变化需要世界各国同舟共济、共同努力，任何一国都无法置身事外、独善其身。必须以"双碳"工作为重要契机，积极参与和引领应对气候变化国际合作，在全球绿色低碳发展大势中始终保持战略主动，构筑国际竞争新优势，展现负责任大国的担当作为，与世界各国同筑生态文明之基，同走绿色低碳之路，共建清洁美丽世界。

第二讲
碳达峰碳中和总体部署

2021年9月22日，党中央、国务院印发《关于完整准确全面贯彻新发展理念做好碳达峰碳中和工作的意见》。2021年10月24日，国务院印发《2030年前碳达峰行动方案》。两个文件作为碳达峰碳中和的顶层设计，对"双碳"工作进行系统谋划和总体部署，为各地区、各部门、各方面开展"双碳"工作提供了指导和依据。

一、指导思想

以习近平新时代中国特色社会主义思想为指导，全面贯彻党的十九大和十九届历次全会精神，深入贯彻习近平生态文明思想，立足新发展阶段，贯彻新发展理念，构建新发展格局，推动高质量发展，坚持系统观念，处理好发展和减排、整体和局部、短期和中长期的关系，把碳达峰碳中和纳入经济社会发展全局，以经济社会发展全面绿色转型为引领，以能源绿色低碳发展为关键，加快形成节约资源和保护环境的产业结构、生产方式、生活方式、空间格局，坚定不移走生态优先、绿色低碳的高质量发展道路，确保如期实现碳达峰碳中和。

二、工作原则

实现碳达峰碳中和目标，要坚持"全国统筹、节约优先、双轮驱动、内外畅通、防范风险"原则。

全国统筹。全国一盘棋，强化顶层设计，发挥制度优势，实行党政同责，压实各方责任。根据各地实际分类施策，鼓励主动作为、率先达峰。

节约优先。把节约能源资源放在首位，实行全面节约战略，持续降低单位产出能源资源消耗和碳排放，提高投入产出效率，倡导简约适度、绿色低碳生活方式，从源头和入口形成有效的碳排放控制阀门。

双轮驱动。政府和市场两手发力，构建新型举国体制，强化科技和制度创新，加快绿色低碳科技革命。深化能源和相关领域改革，发挥市场机制作用，形成有效激励约束机制。

内外畅通。立足国情实际，统筹国内国际能源资源，推广先进绿色低碳技术和经验。统筹做好应对气候变化对外斗争与合作，不断增强国际影响力和话语权，坚决维护我国发展权益。

防范风险。处理好减污降碳和能源安全、产业链供应链安全、粮食安全、群众正常生活的关系，有效应对绿色低碳转型可能伴随的经济、金融、社会风险，防止过度反应，确保安全降碳。

三、工作目标

到 2025 年，绿色低碳循环发展的经济体系初步形成，重点行业能源利用效率大幅提升。单位国内生产总值能耗比 2020 年下降 13.5%；单位国内生产总值二氧化碳排放比 2020 年下降 18%；非化石能源消费比重达到 20% 左右；森林覆盖率达到 24.1%，森林蓄积量达到 180 亿立方米，为实现碳达峰碳中和奠定坚实基础。

到 2030 年，经济社会发展全面绿色转型取得显著成效，重点耗能行业能源利用效率达到国际先进水平。单位国内生产总值能耗大幅下降；单位国内生产总值二氧化碳排放比 2005 年下降 65% 以上；非化石能源消费比重达到 25% 左右，风电、太阳能发电总装机容量达到 12 亿千瓦以上；森林覆盖率达到 25% 左右，森林蓄积量达到 190 亿立方米，二氧化碳排放量达到峰值并实现稳中有降。

到 2060 年，绿色低碳循环发展的经济体系和清洁低碳安全高效的能源体系全面建立，能源利用效率达到国际先进水平，非化石能源消费比重达到 80% 以上，碳中和目标顺利实现，生态文明建设取得丰硕成果，开创人与自然和谐共生新境界。

[知识链接]

碳达峰碳中和有关基本概念

温室效应。1827 年，法国数学家傅立叶发现地球大气层吸收了地表散射到太空中的热量，由此提出温室效应的概念。通俗来讲，地球大气层中的一些物质对太阳辐射具有高度透过性，但能强烈吸收地表辐射的热量，使得地球温度保持在一定水平。温室效应是地球生命系统的重要支撑条件，如果没有温室效应，地球白天会很热，晚上又会很冷。

温室气体。产生温室效应的物质统称为温室气体。目前国际公约规定控制的温室气体有 7 种，分别是二氧化碳（CO_2）、甲烷（CH_4）、氧化亚氮（N_2O）、氢氟碳化物（HFCs）、全氟化碳（PFCs）、六氟化硫（SF_6）和三氟化氮（NF_3）。其中，二氧化碳是最主要的温室气体，占全球温室气体排放总量的 70% 以上。

全球变暖。工业革命以来，人类活动导致大气层中温室气体浓度不断增加，地表平均温度升高。政府间气候变化专门委员会（IPCC）第六次评估报告第一工作组报告指出，2011—2020 年是有记录以来最热的十年，全球地表平均温度较工业化前上升了 1℃以上。全球变暖导致极端气候事件和复合型事件频发，可能引发高温干旱、复合型洪涝等系统性灾难。

碳达峰。某个国家或地区的二氧化碳排放量达到历史最高值，经历平台期后持续下降的过程，是二氧化碳排放量由增转降的历史拐点。实现碳达峰意味着一个国家或地区的经济社会发展与二氧化碳排放实现"脱钩"，即经济增长不再以碳排放增加为代价。

碳中和。某个国家或地区在规定时期内人为排放的二氧化碳，与通过植树造林、碳捕集利用与封存等移除的二氧化碳相互抵消。根据政府间气候变化专门委员会《全球升温1.5℃特别报告》，碳中和即为二氧化碳的净零排放。

四、重点任务

党中央、国务院《关于完整准确全面贯彻新发展理念做好碳达峰碳中和工作的意见》对碳达峰碳中和工作进行系统谋划和总体部署，提出了推进经济社会发展全面绿色转型、深度调整产业结构、加快构建清洁低碳安全高效能源体系、加快推进低碳交通运输体系建设、提升城乡建设绿色低碳发展质量、加强绿色低碳重大科技攻关和推广应用、持续巩固提升碳汇能力、提高对外开放绿色低碳发展水平、健全法律法规标准和统计监测体系、完善政策机制等10个方面31项重点任务。

表2—1　10个方面31项重点任务

10个方面	重点任务
推进经济社会发展全面绿色转型	强化绿色低碳发展规划引领
	优化绿色低碳发展区域布局
	加快形成绿色生产生活方式
深度调整产业结构	推动产业结构优化升级
	坚决遏制高耗能高排放项目盲目发展
	大力发展绿色低碳产业
加快构建清洁低碳安全高效能源体系	强化能源消费强度和总量双控
	大幅提升能源利用效率
	严格控制化石能源消费
	积极发展非化石能源
	深化能源体制机制改革

续表

10 个方面	重点任务
加快推进低碳交通运输体系建设	优化交通运输结构
	推广节能低碳型交通工具
	积极引导低碳出行
提升城乡建设绿色低碳发展质量	推进城乡建设和管理模式低碳转型
	大力发展节能低碳建筑
	加快优化建筑用能结构
加强绿色低碳重大科技攻关和推广应用	强化基础研究和前沿技术布局
	加快先进适用技术研发和推广
持续巩固提升碳汇能力	巩固生态系统碳汇能力
	提升生态系统碳汇增量
提高对外开放绿色低碳发展水平	加快建立绿色贸易体系
	推进绿色"一带一路"建设
	加强国际交流与合作
健全法律法规标准和统计监测体系	健全法律法规
	完善标准计量体系
	提升统计监测能力
完善政策机制	完善投资政策
	积极发展绿色金融
	完善财税价格政策
	推进市场化机制建设

《2030 年前碳达峰行动方案》聚焦"十四五""十五五"两个碳达峰关键期，提出了总体部署、分类施策，系统推进、重点突破，双轮驱动、两手发力，稳妥有序、安全降碳 4 方面工作原则，部署了能源绿色低碳转型行动、节能降碳增效行动、工业领域碳达峰行动、城乡建设碳达峰行动、交通运输绿色低碳行动、循环经济助力降碳行动、绿色低碳科技创新行动、碳汇能力巩固提升行动、

绿色低碳全民行动、各地区梯次有序碳达峰行动等"碳达峰十大行动"。

表 2—2　碳达峰十大行动

十大行动	具体内容
能源绿色低碳转型行动	推进煤炭消费替代和转型升级
	大力发展新能源
	因地制宜开发水电
	积极安全有序发展核电
	合理调控油气消费
	加快建设新型电力系统
节能降碳增效行动	全面提升节能管理能力
	实施节能降碳重点工程
	推进重点用能设备节能增效
	加强新型基础设施节能降碳
工业领域碳达峰行动	推动工业领域绿色低碳发展
	推动钢铁行业碳达峰
	推动有色金属行业碳达峰
	推动建材行业碳达峰
	推动石化化工行业碳达峰
	坚决遏制"两高"项目盲目发展
城乡建设碳达峰行动	推进城乡建设绿色低碳转型
	加快提升建筑能效水平
	加快优化建筑用能结构
	推进农村建设和用能低碳转型
交通运输绿色低碳行动	推动运输工具装备低碳转型
	构建绿色高效交通运输体系
	加快绿色交通基础设施建设
循环经济助力降碳行动	推进产业园区循环化发展
	加强大宗固废综合利用
	健全资源循环利用体系
	大力推进生活垃圾减量化资源化

续表

十大行动	具体内容
绿色低碳科技创新行动	完善创新体制机制
	加强创新能力建设和人才培养
	强化应用基础研究
	加快先进适用技术研发和推广应用
碳汇能力巩固提升行动	巩固生态系统固碳作用
	提升生态系统碳汇能力
	加强生态系统碳汇基础支撑
	推进农业农村减排固碳
绿色低碳全民行动	加强生态文明宣传教育
	推广绿色低碳生活方式
	引导企业履行社会责任
	强化领导干部培训
各地区梯次有序碳达峰行动	科学合理确定有序达峰目标
	因地制宜推进绿色低碳发展
	上下联动制定地方达峰方案
	组织开展碳达峰试点建设

五、碳达峰碳中和"1+N"政策体系

为指导和统筹做好碳达峰碳中和工作，2021年5月，中央正式成立碳达峰碳中和工作领导小组。领导小组在党中央、国务院领导下，对碳达峰碳中和工作进行整体部署和系统推进，统筹部署"双碳"重要事项，审议有关政策文件。中央和国家机关有关部门为领导小组成员单位。领导小组办公室设在国家发展改革委。各部门认真落实党中央、国务院决策部署，按照领导小组工作部署，构建了碳达峰碳中和"1+N"政策体系。其中，"1"包括《关于完整准确全面贯彻新发展理念做好碳达峰碳中和工作的意见》《2030年前碳

达峰行动方案》两个顶层设计文件。"N"包括能源、工业、交通运输、城乡建设、农业农村等重点领域碳达峰实施方案,煤炭、石油天然气、钢铁、有色金属、石化化工、建材等重点行业碳达峰实施方案,以及科技支撑、财政支持、绿色金融、绿色消费、生态碳汇、减污降碳、统计核算、标准计量、人才培养、干部培训等碳达峰碳中和支撑保障方案。

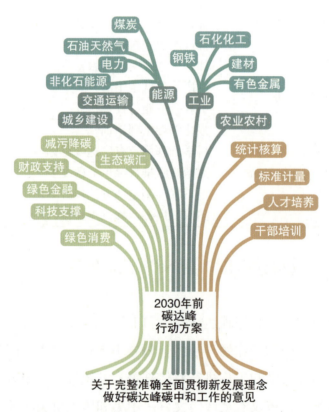

图2—1　碳达峰碳中和"1+N"政策体系示意

第三讲
碳达峰碳中和面临的形势

气候变化给人类生存和发展带来严峻挑战，积极应对全球气候变化、推动绿色低碳发展已成为各国共识。作为世界上最大的发展中国家，我国将完成全球最高碳排放强度降幅，用全球历史上最短的时间实现从碳达峰到碳中和，面临经济结构、能源结构、生产生活方式的全面重塑，困难和挑战前所未有。

一、应对全球气候变化成为各国共同使命

全球变暖给人类生存和发展带来严峻挑战，其影响不局限于一个区域、一个国家，而是系统性、全局性、整体性的，需要国际社会共同应对。

（一）开展科学评估

1988 年，世界气象组织和联合国环境规划署联合成立了政府间气候变化专门委员会，组织全球数千名科学家对气候变化问题进行

"会诊"。1990年以来，政府间气候变化专门委员会已陆续发布关于气候变化问题的五次科学评估报告，第六次科学评估将于2022年底前完成。2021年8月，政府间气候变化专门委员会第六次评估报告第一工作组发布《气候变化2021：自然科学基础》，指出人类活动已造成大气、海洋和陆地变暖，并对气候系统产生了前所未有的影响。2022年2月，政府间气候变化专门委员会第六次评估报告第二工作组发布《气候变化2022：影响、适应和脆弱性》，指出人类温室气体排放引起的气候变化正在广泛影响自然和人类社会，如不削减温室气体排放，地球的热度将挑战人类忍受极限，并带来生命健康威胁、农作物减产、生物多样性锐减、经济衰退等严峻挑战。2022年4月，政府间气候变化专门委员会第六次评估报告第三工作组发布《气候变化2022：减缓气候变化》，指出当前全球温室气体年均排放量已处于人类历史上的最高水平，为限制全球变暖，必须立即采取深度减排行动。

（二）缔结国际公约

1992年，于巴西里约热内卢召开的联合国环境与发展大会通过了《联合国气候变化框架公约》，这是全球首个应对气候变化的国际公约，也是国际社会开展应对气候变化合作的基本框架。其核心内容包括：提出要将大气温室气体浓度稳定在一定目标范围内，防止气候系统受到人为干扰破坏；强调各缔约方应在公平的基础上，根据共同但有区别的责任和各自的能力，为人类当代和后代的利益保护气候系统；明确了发达国家缔约方应承担率先减排和向发展中国家缔约方提供资金技术支持的义务；指出各缔约方有权并应当保持可持续的发展，承认发展中国家缔约方有消除贫困、发展经济的优先需求；各缔约方应当合作促进有力、开放的国际经济体系，为应对气候变化所采取的措施均不应成为国际贸易上的任意或者无理的歧视手段或者隐蔽的限制。

自 1995 年起,《联合国气候变化框架公约》每年召开缔约方大会①,截至 2021 年已召开 26 次。1997 年在日本京都召开的第三次缔约方大会通过了《京都议定书》,首次明确了发达国家缔约方的量化减排目标,提出发展中国家缔约方要在可持续发展框架下开展应对气候变化的积极行动。2015 年在巴黎召开的第二十一次缔约方大会达成了《巴黎协定》,提出将全球平均气温上升幅度控制在低于工业化水平前 2℃以内并努力争取 1.5℃的长远目标,确立了"自下而上"的减排模式和以"国家自主贡献"为核心的制度安排。习近平主席出席大会,阐述中国主张、提出中国方案、贡献中国智慧、指引谈判方向,为《巴黎协定》的最终达成作出了历史性贡献。2016 年 9 月,习近平主席出席二十国集团(G20)领导人杭州峰会,交存我国政府批准的《巴黎协定》法律文件,推动《巴黎协定》快速生效,展示了我国应对气候变化的决心。

(三)实施目标行动

根据《巴黎协定》,各缔约方定期提交和更新国家自主贡献②,并制定法律法规、出台政策以推动目标落实。截至 2022 年 5 月底,已有 161 个缔约方(包括 133 个国家、欧盟及其 27 个成员国)更新了国家自主贡献,130 多个国家通过领导人宣示和立法等方式宣布了碳中和、净零排放、气候中和等目标。其中,欧盟将于 2050 年实

---

① 原定于 2020 年召开的《联合国气候变化框架公约》第二十六次缔约方大会因新冠肺炎疫情延期一年举办。

② 《巴黎协定》要求各缔约方每五年更新一次国家自主贡献,鼓励在更新中提高减排目标并实施更广泛的适应措施。

现气候中和[①]，德国将于 2045 年实现气候中和，英国将于 2050 年实现净零排放[②]，日本将于 2050 年实现净零排放，韩国将于 2050 年实现碳中和，有关目标均已纳入各自国家（地区）法律；美国和印度分别宣布将于 2050 年和 2070 年实现净零排放。

在执行《巴黎协定》的同时，部分国家自愿达成相关协议和声明，进一步推动应对气候变化全球行动。在《联合国气候变化框架公约》第二十六次缔约方大会上，中国、美国、欧盟等 40 多个国家和组织签署《格拉斯哥突破议程》，计划在未来 10 年内共同加快研发和部署电力、道路交通、钢铁、制氢、农业等领域低碳技术和可持续发展解决方案。中国、俄罗斯、巴西等 100 多个国家签署了《关于森林和土地利用的格拉斯哥领导人宣言》，承诺到 2030 年停止砍伐森林，扭转土地退化状况。部分国家还就煤电转型、甲烷控排、零排放汽车推广等议题签署相关协议和声明。

二、我国绿色低碳发展取得积极成效

我国坚定不移走生态优先、绿色低碳的高质量发展道路，着力推动经济社会发展全面绿色转型，推进构建国际气候治理新体系，成为全球生态文明建设的重要参与者、贡献者、引领者。

（一）绿色低碳发展迈出重要步伐

超额完成 2020 年自主减排贡献目标。2020 年，我国二氧化碳

[①] 气候中和是指人类活动对气候系统没有净影响的状态。

[②] 净零排放是指某个国家或地区在规定时期内人为排放的温室气体与人为移除的温室气体相互抵消。

排放强度比 2005 年下降 48.4%，超额完成我国 2015 年向《联合国气候变化框架公约》秘书处提交的到 2020 年下降 40%—45% 的国家承诺目标，累计少排放约 58 亿吨二氧化碳，为全球应对气候变化作出卓越贡献。

能源绿色低碳转型步伐逐步加快。积极稳妥推进能源绿色低碳转型，大力实施可再生能源替代行动，能源消费结构持续优化。2021 年，我国可再生能源装机突破 10 亿千瓦，较 2012 年增长 2.3 倍，水电、风电、太阳能发电、生物质发电装机均居世界第一，在运在建核电装机总规模世界第二。清洁能源消费占比达 25.5%，较 2012 年提高 11 个百分点。煤炭消费占比从 2012 年的 68.5% 下降到 2021 年的 56%。我国在沙漠、戈壁、荒漠地区规划建设 4.5 亿千瓦大型风电光伏基地，第一批约 1 亿千瓦项目已有序开工建设。

产业结构不断优化升级。积极发展战略性新兴产业，推动重点行业节能降碳改造及低碳工艺革新，坚决遏制高耗能、高排放、低水平项目盲目发展。2021 年，我国三次产业增加值占国内生产总值的比例优化为 7.3%、39.4%、53.3%，节能环保等战略性新兴产业快速壮大，高技术制造业增加值占规模以上工业增加值的比重达 15.1%。2012—2021 年，我国以年均 3% 的能源消费增速支撑了年均 6.5% 的经济增长，能源利用效率全面提高。2021 年，全国再生有色金属产量 1572 万吨，占国内十种有色金属总产量的 24.4%，再生资源利用能力显著增强。

生态系统碳汇能力明显提高。积极推动山水林田湖草沙一体化保护和修复，生态系统质量和稳定性不断增强，生态系统碳汇能力持续巩固提升。根据第九次全国森林资源清查结果，全国森林面积

2.2 亿公顷，森林蓄积量①175.6 亿立方米，人工林面积 8003.1 万公顷，人工林蓄积量 34.5 亿立方米，我国成为全球森林资源增长最多和人工造林面积最大的国家，是全球"增绿"的主力军。第一批国家公园保护面积达 23 万平方公里，各级各类自然保护地约占陆域国土面积的 18%。

绿色生活方式逐步形成。"绿水青山就是金山银山"重要理念深入人心，简约适度、绿色低碳、文明健康的生活方式正在成为更多人的自觉选择。以机关、家庭、学校、社区、出行、商场、建筑等为重点，全面推进绿色生活创建行动。因地制宜推行生活垃圾分类，扎实推进塑料污染全链条治理、节约粮食反对浪费行动。城市公共交通日出行量超过 2 亿人次，骑行、步行等城市慢行系统建设稳步推进，绿色低碳出行理念深入人心。2021 年，新能源汽车产销量均超过 350 万辆，销量连续 7 年位居世界第一。

（二）积极参与全球气候治理

我国主动承担并积极履行应对气候变化国际义务，加强与各国磋商对话，在气候变化国际谈判中发挥积极作用，为推动全球气候治理进程、深化应对气候变化国际合作发挥重要作用。在全球气候治理面临重大不确定性时，习近平主席多次表明中方坚定支持《巴黎协定》的立场，为推动全球气候治理注入了强劲动力。《联合国气候变化框架公约》第二十六次缔约方大会期间，中方代表团发挥积极建设性作用，推动各方达成"格拉斯哥气候协议"，巩固了未来

---

① 森林蓄积量是指一定森林面积上存在着的林木树干部分的总体积，由于植物光合作用吸收的二氧化碳一部分转化为有机质储存在林木树干中，因此森林蓄积量与森林碳储量有直接关系。

十年全球致力于加速气候行动的共识。同时，我国主动、积极履约，按照《联合国气候变化框架公约》要求编制并提交气候变化国家信息通报、两年更新报告、国家温室气体清单等；按照《巴黎协定》要求，按期提交《中国落实国家自主贡献成效和新目标新举措》和《中国本世纪中叶长期温室气体低排放发展战略》。

[知识链接]

国家温室气体清单

根据《联合国气候变化框架公约》和缔约方大会相关规定，所有缔约方均要定时提交气候变化国家信息通报和两年更新报告。作为发展中国家，我国应每4年提交一次气候变化国家信息通报，每2年提交一次两年更新报告，两种报告中均包含国家温室气体清单。

为指导各国温室气体清单编制工作，政府间气候变化专门委员会编制了国家温室气体清单指南，将能源活动、工业生产过程、农业活动、废弃物处理以及土地利用、土地利用变化和林业（LULUCF）等五大领域温室气体排放纳入清单统计范围，明确了二氧化碳、甲烷、氧化亚氮、氢氟碳化物、全氟化碳、六氟化硫、三氟化氮等7种温室气体的核算方法。第一版指南于1996年推出，后于2006年、2019年两次更新修订。目前，发展中国家缔约方均依据1996年版指南编制温室气体清单，但在 2024 年后则需依据 2006 年版指南开展清单编制工作。

经国务院批准，我国已提交了 3 次气候变化国家信息通报和 2 次两年更新报告，包括 1994 年、2005 年、2010 年、2012 年、2014 年的国家温室气体清单。2014 年，我国五大领域温室气体排放总量为 111.9 亿吨二氧化碳当量。

我国积极开展应对气候变化南南合作，为发展中国家应对气候变化提供力所能及的支持和帮助。截至 2022 年 6 月，已与 38 个国家签署 43 份合作文件，援助小水电站、光伏电站、自动气象站等应对气候变化项目，提供气象卫星、光伏发电系统、节能照明设备、新能源汽车、环境监测设备、清洁炉灶等相关物资及荒漠化防治等技术，为约 120 个国家培训了约 5000 名应对气候变化领域的官员和技术人员，帮助发展中国家提高应对气候变化能力。

我国坚持把绿色作为底色，携手各方共建绿色丝绸之路，加强在落实《巴黎协定》等方面的务实合作。2021 年我国发起"一带一路"绿色发展伙伴关系倡议，呼吁各国根据共同但有区别的责任原则、公平原则和各自能力原则，结合各自国情采取行动以应对气候变化。我国同有关国家一道，成立"一带一路"能源合作伙伴关系，携手应对气候变化。

三、我国推进碳达峰碳中和艰巨繁重

我国仍处在工业化、城镇化深化发展阶段，经济发展和民生改善任务繁重，推进碳达峰碳中和面临时间窗口偏紧、能源结构偏煤、产业结构偏重、基础支撑薄弱等挑战，实现"双碳"目标任重而道远。

（一）发展任务艰巨，时间窗口偏紧

要基本实现社会主义现代化，我国还面临艰巨繁重的经济发展和民生改善任务，能源消费仍将保持刚性增长，二氧化碳排放在一段时间内仍将合理增长。与发达国家二氧化碳排放自然达峰后承诺用40—80年实现碳中和不同，我国从碳达峰到碳中和的时间只有30年，要从一个较高的排放峰值降到相当低的水平，时间十分紧迫，任务十分艰巨。

（二）以煤为主的能源结构短期内难以改变

富煤贫油少气是我国国情，能源消费以煤为主。近年来我国采取多种措施降低煤炭消费比重，但2021年煤炭消费量仍占能源消费总量的56%，煤电发电量占全国总发电量的60%以上。随着可再生能源快速发展，煤电还将承担基础保障和系统调节作用。当前和今后的一段时期，煤炭仍然是我国能源安全的"压舱石"和"稳定器"。

（三）发展可再生能源面临挑战

我国水电可开发容量世界最大，但剩余经济可开发容量有限。风能、太阳能等新能源资源丰富，但空间分布不均，发电的间歇性、波动性较强。我国电力系统中灵活调节电源配比严重不足，解决新能源大规模并网运行面临较大挑战。

（四）产业结构未跨越高耗能、高排放阶段

我国第二产业增加值占国内生产总值的四成，但能耗占全国能源消费总量的七成左右，二氧化碳排放占全国碳排放总量的八成左右，传统资源型产业占比仍然偏高，能效水平还有较大提升空间。此外，个别地区存在发展路径依赖，盲目发展高耗能、高排放、低水平项目的冲动依然存在。

（五）碳达峰碳中和基础支撑比较薄弱

绿色低碳技术创新能力亟待加强，重大战略技术储备不足，部分关键装备和材料缺乏自主可控能力，存在"卡脖子"问题。"双碳"标准体系尚不健全，部分标准制修订不及时。统一规范的碳排放统计核算体系需要进一步建立健全。跨领域、高水平、多层次专业人才存在刚性缺口。

（六）碳达峰碳中和工作中存在一些误区

有的地方认为 2030 年前是发展高耗能产业的"窗口期"，意图抓紧攀登碳排放新高峰。有的地方脱离发展阶段和客观实际，搞运动式"减碳"，影响企业正常生产和人民群众生活。这些做法与党中央、国务院决策部署不符，必须坚决防止和纠正。

第四讲
稳妥有序推进能源绿色低碳发展

能源是人类文明进步的基础和动力，事关国计民生和国家安全稳定。能源活动是二氧化碳排放的主要来源，能源绿色低碳转型是实现碳达峰碳中和的关键。要立足我国能源资源禀赋，以满足经济社会发展和人民美好生活需要为根本目的，统筹发展和安全，加快构建清洁低碳安全高效的能源体系，为实现碳达峰碳中和、全面建设社会主义现代化强国提供坚实保障。

一、推进化石能源清洁高效利用

我国能源结构以高碳的化石能源为主。实现碳达峰碳中和，必须在确保能源安全的前提下，严格合理控制化石能源消费，提高清洁高效利用水平。

[知识链接]

能源的分类

能源包括化石能源和非化石能源。

化石能源包括煤炭、石油、天然气。

非化石能源包括可再生能源与核能。

可再生能源指自然环境为人类持续不断提供有用能量的能源资源，主要包括太阳能、水能、风能、生物质能、地热能、海洋能等。

新能源指在新技术的基础上系统开发利用，并随着技术、经济水平进步具有广泛应用前景的能源。现阶段主要包括太阳能、风能、生物质能、地热能、海洋能、氢能等。

（一）大力推进煤炭清洁开发利用

煤炭是我国的主体能源和重要工业原料。要立足以煤为主的基本国情，夯实国内能源生产基础，提升煤炭清洁高效利用水平，切实发挥煤炭兜底保障作用。

一是强化煤炭绿色供应保障。统筹推进煤炭稳定供应和低碳转型发展，在安全清洁高效利用的前提下有序释放煤炭优质产能。优化煤炭产能布局，积极推进煤炭绿色转型供应保障基地建设，增强煤炭跨区域供应保障能力。建设煤炭储备项目，优化煤炭物流网络，积极推广清洁低碳的仓储运输方式。

二是推动煤炭资源绿色高效开发。加大"绿色矿山""智能矿山"

建设力度，积极推广保水开采、充填开采等绿色开采技术，鼓励原煤全部入选（洗），有效提升生产开发效率。鼓励使用清洁能源运输方式，推进既有装备设施节能改造，实施余热利用等节能降碳项目，降低煤炭开采过程碳排放。加快推进瓦斯抽采利用，推广低浓度、超低浓度瓦斯高效利用技术，拓宽利用途径和范围。

三是严格合理控制煤炭消费增长。"十四五"时期严格合理控制煤炭消费增长，"十五五"时期逐步减少，推动煤炭消费转型升级。加大工业领域低碳技术推广应用，提升清洁能源应用比重和电气化水平，有序推进钢铁、建材、有色金属、石化、化工等行业煤炭消费替代。持续推进北方地区冬季清洁取暖，合理划定禁止散烧区域，稳妥有序推进散煤替代。

四是推进煤电清洁高效灵活低碳发展。严格合理控制煤电装机规模，原则上不再新建单纯以发电为目的的煤电项目，新建机组煤耗标准达到国际先进水平。大力推动煤电节能降碳改造、灵活性改造、供热改造"三改联动"，推动煤电向基础保障性和系统调节性电源并重转型，"十四五"期间实施煤电节能改造3.5亿千瓦以上、灵活性改造2亿千瓦，供热改造规模力争达5000万千瓦。

五是提升煤炭综合利用效能。积极发展低阶煤分质梯级利用，提升用煤精细化管理水平。促进煤化工产业高端化、多元化、低碳化发展，提升煤炭作为化工原料的综合利用效能。积极发展煤基特种燃料、煤基生物可降解材料等，推进煤制油气等关键技术研发，稳妥推动煤炭由单一燃料向燃料与原料并重转变。

（二）推动油气清洁高效开发利用

推动油气绿色生产、高效利用，合理调控油气消费，是保障我国能源供应安全的现实需要，也是构建清洁低碳安全高效能源体系的重要方面。

一是提升油气绿色生产能力。加大国内油气资源勘探开发力度，保持原油、天然气产能稳定增长，增强生产保障能力。全面实施油气绿色生产行动，淘汰落后工艺设备，推动生产用能清洁替代和余热余能利用，推进生产环节节能降碳。加强油田伴生气回收，努力提高天然气商品率。开展规模化二氧化碳驱油与封存试点示范。

二是合理调控石油消费。适应交通运输行业绿色低碳发展需求，逐步调整汽油生产和消费规模，稳步收缩柴油消费，保持煤油消费稳步增长。加大先进生物液体燃料、可持续航空燃料等对传统燃油替代力度，提升终端燃油产品能效。推动石油消费"减油增化"，保持化工原料用油稳定增长。石油消费"十五五"时期进入峰值平台期。

三是有序引导天然气消费。有序推动天然气在城镇燃气、天然气发电、工业燃料和交通运输装备等领域利用。新增天然气优先保障居民生活和清洁取暖需求，在落实气源的前提下有序推动工业用煤天然气替代，因地制宜发展天然气调峰电站，大力推动天然气与多种能源融合发展。

二、大力发展非化石能源

实现碳达峰碳中和，要把发展非化石能源放在突出位置，加快发展有规模有效益的风能、太阳能、生物质能、地热能、海洋能等新能源，统筹水电开发和生态保护，积极安全有序发展核电。

（一）统筹推进大型风电光伏基地建设

充分利用沙漠、戈壁、荒漠空间资源，加大力度规划建设以大型风电光伏基地为基础、以其周边清洁高效先进节能的煤电为支撑、以稳定安全可靠的特高压输变电线路为载体的新能源供给消纳体系，是提升非化石能源消费比重的重要途径。

一是规划建设大型风电光伏基地。坚持规划引领，在内蒙古、陕西、甘肃、青海、宁夏等省（区）统筹推进以沙漠、戈壁、荒漠地区为重点的大型风电光伏基地项目建设，设计装机规模达 4.5 亿千瓦。科学确定项目规模和建设时序，统筹推进基地建设与环境保护修复，实现绿色低碳效益和生态环境效益相统一。

二是配置建设清洁高效支撑电源。结合大型风电光伏基地周边资源禀赋，合理配置大容量、高参数、低能耗的灵活调节电源。对基地周边供电煤耗 300 克 / 千瓦时以上的煤电机组，加快创造条件实施节能改造。有序实施煤电机组灵活性改造，释放调峰空间。综合考虑送受电地区新能源开发模式、电源出力特性、系统消纳空间等因素，优化灵活调节电源运行方式。

三是提升可再生能源外送能力。加快推动跨省跨区配套输电通道建设，力争与大型风电光伏基地项目同步规划、同步建设、同步投产。着力提高外送通道中可再生能源电量占比，新建外送通道中可再生能源电量比重原则上不低于 50%。发挥存量火电、大型水电调节能力，探索建立送受两端协同调节机制。

（二）加强分布式可再生能源开发利用

分布式可再生能源一般指在用户侧或配电网侧安装的小型光伏、

风电、生物质发电等可再生能源系统，运行方式以自发自用为主、余量调节上网为辅。可再生能源量大面广、分布广泛，分布式能源系统贴近用户、配置灵活，发展分布式可再生能源可有效降低能源长距离输送损耗，分散能源安全风险。要推广应用低风速发电技术，积极推进光伏建筑一体化开发，以工业园区、经济开发区、油气矿区等为重点，积极推进风电和光伏分布式开发。鼓励园区、村镇、岛屿等地区加大风能、太阳能、生物质能和地热能利用力度，构建园区及社区分布式可再生能源系统，积极推进"光伏+"综合利用。

（三）推动水能、核能、生物质能发展

除发展大型风电光伏基地和分布式可再生能源以外，水电是我国西部地区重要的清洁能源和灵活电源，核电是东部地区实现能源结构低碳化、保障能源供应的重要技术选项，生物质能可为广大农村城郊地区提供环境友好、灵活便捷的电力热力等，是我国可再生能源发展的重要内容。

一是因地制宜发展水电。积极推进水电基地建设，推动金沙江上游、澜沧江上游、雅砻江中游、黄河上游等已纳入规划、符合生态保护要求的水电项目开工建设，开发好雅鲁藏布江下游水电，实现小水电绿色发展。"十四五""十五五"期间分别新增水电装机容量 4000 万千瓦左右，西南地区以水电为主的可再生能源体系基本建立。

二是积极安全有序发展核电。合理确定核电站布局和开发时序，在确保安全的前提下有序发展核电，保持平稳建设节奏。积极推动高温气冷堆、快堆、模块化小型堆、海上浮动堆等先进堆型示范工程建设。加大核电标准化、自主化力度，加快关键技术装备攻关，

培育高端核电装备制造产业集群。推动核能在清洁供暖、工业供热、海水淡化等领域的利用。

三是多元化发展生物质能。结合城乡生态环境保护和资源综合利用工作，稳步发展城镇生活垃圾焚烧发电，有序发展农林生物质发电和沼气发电，因地制宜发展生物质能清洁供暖。在粮食主产区和畜禽养殖集中区统筹规划建设生物天然气工程，促进非粮乙醇、非粮食原料的生物柴油等先进生物液体燃料产业化发展。

三、推动构建新型电力系统

在传统电力系统的基础上，推动源网荷储（电源、电网、负荷、储能）一体化发展，促进可再生能源高比例开发和大规模消纳，构建绿色低碳、柔性灵活、互动融合、智能高效、安全稳定的新型电力系统，为实现碳达峰碳中和提供坚强支撑。

（一）创新电网结构和运行模式

创新电网结构形态和运行模式，提升电网智能化水平，推动电网主动适应大规模集中式新能源和量大面广的分布式能源发展，助力能源系统绿色低碳转型。

一是完善电网主网架结构。加强跨省跨区超高压特高压电网建设，稳步推广柔性直流输电技术，推动电网柔性可控互联，提升电网适应新能源的动态稳定水平。优化输电曲线，加强送受两端电网协同调峰运行，扩大新能源电力跨省跨区输送规模。

二是加快配电网改造升级。推动智能配电网和主动配电网建设，推广普及分布式发电、电动汽车、用户侧储能等，着力提高配电网接纳新能源电力和承载多元化负荷的水平。探索开展适应分布式新能源接入的直流配电网工程示范。

三是发展分布式智能电网。结合低碳零碳园区、社区、城市建设，利用分布式光伏、分散式风电、储能等技术，积极发展以消纳新能源为主的智能微电网，在促进高比例可再生能源自产自销的同时，实现与大电网的兼容互补。

（二）增强电源协调优化运行能力

电力系统中电源侧的灵活调节潜力大，要充分发挥我国主力电源煤电的灵活调节能力，全面实施煤电机组灵活性改造，优先提升30万千瓦级煤电机组深度调峰能力，推进企业燃煤自备电厂参与系统调峰。实施新一轮抽水蓄能中长期发展规划，推动已纳入规划、条件成熟的大型抽水蓄能电站开工建设。力争到2025年，抽水蓄能电站装机容量达6200万千瓦以上、在建装机容量达6000万千瓦左右。因地制宜建设天然气调峰电站，发展储热型太阳能热发电，提高新能源发电功率预测水平，推动天然气发电、太阳能热发电与风电、光伏发电融合发展和联合运行。优化电源侧多能互补调度运行方式，充分挖掘调峰潜力。

（三）加快新型储能技术规模化应用

储能是构建新型电力系统的重要基础，促进储能与电力系统各环节融合发展，对建设新型电力系统具有重要作用。加快发展电源侧储能，积极发展"新能源＋储能"、源网荷储一体化和多能互补，支持分布式新能源合理配置储能系统。优化电网侧储能，以负荷密集接入和新能源大规模汇集的关键电网节点、供电能力不足或电网未覆盖的偏远地区为重点，合理布局电网侧新型储能，发挥促进新能源消纳、削峰填谷、增强电网稳定性和应急供电等多重作用。支持用户侧储能，围绕各类终端用户特别是供电可靠性要求高的用户需求，依托分布式新能源和微电网等配置新型储能，提高用户供电可靠性，鼓励电动汽车、不间断电源等用户侧储能参与系统调峰调频。拓宽储能应用场景，推动电化学储能、梯级电站储能、压缩空气储能、飞轮储能等技术多元化应用，探索储能聚合利用、共享利用等新模式新业态。

（四）大力提升电力负荷弹性

提升需求侧响应能力、增加电力负荷弹性，可有效提高电力系统灵活性，保障电力安全供应并促进低碳转型。要全面调查评估需求响应资源，建立分级分类清单，系统整合分散资源，引导用户优化储用电模式，高比例释放居民、一般工商业用电负荷的弹性，提升电力需求侧响应能力。针对我国工业用电负荷占比高的特点，引导大工业负荷参与辅助服务市场。对于电解铝、铁合金、多晶硅等高载能产业，充分利用其电价高度敏感特征，出台完善相关政策机制，鼓励引导企业优化生产工艺流程，发挥可中断负荷、可控负荷等功能。到 2025 年，推动电力需求侧响应能力达到最大负荷的 3%—5%，其中华东、华中、南方等地区达到最大负荷的 5% 左右。

四、推进节能降碳增效

2021 年，我国能耗强度较"十五"末累计下降 44%，支撑碳排放强度下降 50.5%，节能对碳排放强度下降的贡献达 80% 以上。

推进碳达峰碳中和，要坚持节能优先的方针，加强能耗强度下降约束性指标管理，有效增强能源消费总量管理弹性，创造条件尽早实现能耗双控向碳排放总量和强度双控转变，健全节能降碳配套制度设计。

（一）优化完善能源消费强度和总量双控

能耗双控是我国节能领域一项重要制度性安排，在化石能源消费占比仍然较高的情况下，要按照有利于节能优先和提高能效、有利于新能源发展和推动碳达峰碳中和两个导向，进一步优化完善能耗双控政策。

一是有效增强能源消费总量管理弹性。"十四五"时期，国家优化能源消费总量目标形成方式，不再向地方直接下达能源消费总量控制目标，而是由各地区根据地区生产总值增速目标和能耗强度下降基本目标确定年度能源消费总量目标，经济增速超过预期目标的地区可对能源消费总量目标进行相应调整。

二是新增可再生能源不纳入能源消费总量控制。为鼓励地方发展可再生能源，"十四五"期间新增可再生能源不再纳入能源消费总量考核。以各地区 2020 年可再生能源电力消费量为基数，将每一年较上年新增的可再生能源电力消费量，在全国和地方能源消费总量考核时予以扣除。为避免将新增可再生能源电力用于盲目发展高耗能、高排放、低水平项目，可再生能源消费仍将纳入能耗强度考核。

三是原料用能不纳入能耗双控考核。原料用能是指用作原材料的能源消费，即能源产品不作为燃料、动力使用，而作为生产非能源产品的原料、材料使用，扣除原料用能可更准确反映能源利用实际情况。为进一步保障高质量发展合理用能需求，"十四五"期间原料用能不纳入能耗双控考核。在核算全国和各地区能耗强度下降率时，将原料用能消费量同步从基年和目标年度能源消费总量中扣除。

四是实施国家布局重大项目能耗单列。"十四五"时期国家预留部分用能指标，对国家布局的重大项目实施能耗单列。在地区能耗双控考核时，国家对能耗单列项目能源消费量进行扣减。重大项目能耗单列实行动态调整。

五是优化节能目标责任评价考核。统筹目标完成进展、经济形势及跨周期因素，优化考核频次，"十四五"节能目标责任评价考核将年度考核调整为"年度评价、中期评估、五年考核"，平抑短期经济波动对节能指标完成情况的影响。在考核中增加能耗强度下降指标权重，合理设置能源消费总量指标权重。科学运用考核结果，对工作成效显著的地区予以激励，对工作不力的地区加强督促指导。

（二）大幅提升能源利用效率

把节能贯穿于经济社会发展的全过程和各领域，持续深化工业、城乡建设、交通运输、公共机构等重点领域节能，推进重点用能设备和新型基础设施节能，实现能效水平持续提升。

一是深化重点领域节能降碳。推动工业领域绿色低碳发展，促进钢铁、有色金属、建材、石化、化工等行业节能降碳，坚决遏制高耗能、高排放、低水平项目盲目发展。推进城乡建设绿色低碳转型，优化建筑用能结构，提升建筑能效水平。构建绿色高效交通运输体系，加快绿色交通基础设施建设，推动运输工具装备低碳转型。实施城市节能降碳，开展基础设施节能升级改造。抓好园区节能降碳，以高耗能、高排放项目集聚度高的园区为重点，推动能源系统优化和梯级利用。推进重大节能降碳技术示范，支持技术产业化示范应用。

二是推进重点用能设备节能增效。以电机、风机、泵、压缩机、变压器、换热器、工业锅炉等设备为重点，全面提升能效标准。建立以能效为导向的激励约束机制，推广先进高效用能设备，加快淘汰落后低效设备。加强重点用能设备节能审查和日常监管，全面落实能效标准和节能要求。

三是加强新型基础设施节能降碳。优化数据中心等新型基础设施空间布局和用能结构，提高非化石能源应用占比。加快完善通信、运算、存储、传输等设备能效标准，提升准入门槛。加强新型基础设施用能管理，年综合能耗超过 1 万吨标准煤的数据中心全部纳入重点用能单位管理，开展能源计量审查。推动既有设施绿色升级改造。

（三）健全节能相关配套制度

实现碳达峰碳中和对节能工作提出了更高要求，要进一步完善节能管理制度，健全法律法规标准，强化经济政策和市场化机制。

一是完善节能管理制度。在地方探索用能预算管理，加强节能形势分析预警。强化固定资产投资项目节能审查，综合评价项目用能和碳排放情况。完善重点用能单位能源计量体系，推动高耗能企业建立能源管理中心，强化重点用能单位节能管理和目标责任。加强节能监察能力建设，健全省、市、县三级节能监察体系，建立跨部门联动机制，增强节能监察约束力。

二是健全节能法律规章标准。制修订能源法、节约能源法、电力法、煤炭法、可再生能源法、固定资产投资项目节能审查办法，全面清理与碳达峰碳中和工作不相适应的内容，增强相关法律规章的针对性和有效性。更新升级节能标准，修订一批能耗限额、产品设备能效强制性国家标准和工程建设标准，提升重点产品能耗限额和工程建设项目节能要求，完善能源核算、节能设计、检测认证、评估、审计等配套标准。

三是强化节能经济政策和市场化机制。建立健全有利于节能的财政、税收、价格、金融等经济政策。推动建设全国用能权交易市场，完善用能权有偿使用和交易制度。推行合同能源管理，推广覆盖节能咨询、诊断、设计、融资、改造、托管的"一站式"综合服务模式。

五、深化能源体制机制改革

推进碳达峰碳中和，对现有能源体制机制、政策体系、管理方式提出了新要求。加快建设全国统一的能源市场，完善能源品种价格市场化形成机制，全面推进电力市场化改革，加快电网体制改革，为构建现代能源体系、实现碳达峰碳中和提供重要保障。

（一）加快建设全国统一的能源市场

加快建设全国统一的能源市场，是促进能源在更大范围内畅通流动，提高配置效率，实现碳达峰碳中和的基础。目前我国能源市场存在体系不完整、功能不完善、交易规则不衔接、跨省跨区交易有壁垒等问题，要在有效保障能源安全前提下，按照碳达峰碳中和要求，有序推进全国能源市场建设。

一是加快建设全国统一电力市场体系。按照支持省域、鼓励区域、推动构建全国统一市场体系的方向推进电力市场建设。加快建设国家电力市场。稳步推进省域及区域电力市场建设，提高省域内电力资源配置效率，开展跨省跨区电力中长期交易和调频、备用等辅助服务交易。引导各层次电力市场协同运行，加强不同层级市场的有序衔接。

二是推动完善全国统一煤炭市场体系。继续深化煤炭市场化改革，进一步发挥全国煤炭交易中心作用，推动全国性和区域性煤炭交易中心协调发展，加快建设统一开放、层次分明、功能齐全、竞争有序的现代煤炭市场体系。

三是进一步完善全国统一油气市场体系。在统筹规划、优化布局基础上，规范油气交易中心建设，健全油气期货产品体系，优化交易场所、交割库等重点基础设施布局，推动油气管网设施互联互通并向各类市场主体公平开放。

（二）深入推进能源价格机制改革

当前我国能源价格机制尚不健全，资源环境外部性成本体现不足。要紧紧围绕碳达峰碳中和目标，深入推进能源价格改革，发挥价格机制促进降碳的激励约束作用，加快经济社会绿色低碳转型。

一是持续深化电价改革。建立健全促进可再生能源规模化发展的价格机制。进一步完善抽水蓄能价格形成机制，建立新型储能价格机制，研究合理的成本分摊和疏导机制，促进可再生能源更好消纳。加快落实分时电价政策，建立尖峰电价机制，拉大峰谷价差，引导电力市场价格向用户侧传导，促进削峰填谷、合理用电。持续完善高耗能、高排放行业阶梯电价等绿色电价政策，强化与产业和环保政策的协同，倒逼能源利用效率提升。

二是进一步推动煤炭价格改革。综合运用市场化、法治化手段，健全煤炭价格调控机制，引导煤炭价格在合理区间运行，提升煤炭市场供需调节能力。完善煤、电价格传导机制，逐步规范和取消低效化石能源补贴。

三是稳步推进天然气价格改革。稳步推进天然气门站价格市场化改革，完善终端销售价格与采购成本联动机制。积极协调推进城镇燃气减少配气层级，降低用气成本，鼓励城市燃气企业配售分离，探索推进终端非居民用户销售价格市场化。

（三）全面推进电力市场化改革

目前我国电力低碳转型还面临一些体制机制障碍，亟需通过改革加以破除。要推进电力中长期、现货、辅助服务市场一体设计和相互衔接，扩大市场化交易规模，促进新能源全面参与市场交易，使低碳零碳电力资源在全国范围内进一步优化配置。

一是持续深化电力中长期交易机制建设。推动符合条件的各类市场主体参与交易，丰富交易品种，缩短交易周期。建立与新能源特性相适应的中长期电力交易机制，引导新能源签订中长期合同，开展绿色电力交易试点，为用户使用绿色电力提供更多途径。

二是稳妥推进电力现货市场建设。推动具备条件的试点地区转入长周期运行，有序扩大现货试点范围。鼓励电网连接紧密的相邻省（区、市）现货市场融合发展。鼓励新能源报量报价参与现货市场交易。

三是完善电力辅助服务市场机制。丰富辅助服务交易品种，推动储能设施、虚拟电厂、用户可中断负荷等灵活性资源参与辅助服务。建立健全跨省跨区辅助服务市场机制，推动送受两端辅助服务资源共享。在新能源电力占比较高的地区探索引入爬坡①等新型辅助

---

① 爬坡是指为应对可再生能源发电波动等不确定因素带来的系统净负荷短时大幅变化，下达调度指令，调动具备较强负荷调节速率的并网主体出力，以维持系统功率平衡所提供的服务。

服务。

四是积极推进分布式发电市场化交易。鼓励支持分布式光伏、分散式风电等发电主体与同一配电网内的电力用户就近交易，推动完善相关价格政策及市场规则，促进新能源就近开发利用。

（四）推进电网体制改革

深入推进电网体制改革，明确增量配电网、微电网和分布式电源的市场主体地位。完善适应可再生能源电力局域深度利用和广域输送的电网体系，整体优化输电网络和电力系统运行，提升对可再生能源电力的输送和消纳能力。完善省级政府间协议与电力市场相结合的可再生能源电力输送和消纳协同机制，加强省际、区域间电网互联互通。引导电网企业进一步提升可再生能源电力接纳能力，依法依规将符合规划和安全生产条件的可再生能源发电项目和分布式发电项目接入电网，做到应并尽并。

[知识链接]

完善能源绿色低碳转型体制机制

完善国家能源战略和规划实施的协同推进机制。强化能源战略和规划的引导约束作用，建立能源绿色低碳转型监测评价机制，健全能源绿色低碳转型组织协调机制。

完善引导绿色能源消费的制度和政策体系。完善能耗双控制度，科学分解可再生能源开发利用中长期总量及最低比重目标。建立健全绿色能源消费促进机制，完善工业领域绿色能源消费支持政策，完善建筑绿色用能和清洁取暖政策，完善交通运输领域能源清洁替代政策。

建立绿色低碳为导向的能源开发利用新机制。建立清洁低碳能源资源普查和信息共享机制，推动构建以清洁低碳能源为主体的能源供应体系，创新农村可再生能源开发利用机制，建立清洁低碳能源开发利用的国土空间管理机制。

完善新型电力系统建设和运行机制。加强新型电力系统顶层设计，完善适应可再生能源局域深度利用和广域输送的电网体系，健全适应新型电力系统的市场机制，完善灵活性电源建设和运行机制，完善电力需求响应机制，探索建立区域综合能源服务机制。

完善化石能源清洁高效开发利用机制。完善煤炭清洁开发利用政策，发挥好煤炭在能源供应保障中的基础作用。完善煤电清洁高效转型政策，推动煤电向基础保障性和系统调节性电源并重转型。完善油气清洁高效利用机制，加大减污降碳协同力度。

健全能源绿色低碳转型安全保供体系和保障政策。健全能源预测预警机制，构建电力系统安全运行综合防御体系。建立支撑能源绿色低碳转型的科技创新体系和财政金融政策保障机制。促进能源绿色低碳转型国际合作，建立健全能源绿色低碳发展相关治理机制。

第五讲
推进产业优化升级

近年来，我国产业转型升级步伐明显加快，战略性新兴产业加速发展，高技术制造业占比提升至 15% 以上，但尚未成为经济社会发展的主导力量。要加快推动传统产业深度调整，大力发展战略性新兴产业等绿色低碳产业，提高产业链供应链现代化水平，坚决遏制高耗能、高排放、低水平项目盲目发展，实现产业结构全面优化升级。

一、推动传统产业优化升级

传统产业是我国产业体系的重要组成部分。未来一个时期我国仍要高质量发展传统产业，下大气力推动钢铁、有色金属、石化、化工、建材等传统产业优化升级，加快工业领域低碳工艺革新和数字化转型。

（一）深化供给侧结构性改革

"十三五"时期，我国供给侧结构性改革不断深化，重点行业去产能目标基本完成，一批落后产能有序退出，供求关系明显改善，传统产业转型升级取得积极成效。"十四五"时期，供给侧仍是制约我国经济发展的主要方面，必须在适度扩大总需求的同时，持续深化供给侧结构性改革，着力改善供给结构，提高供给质量。

一是加速产业结构调整、优化产业布局。进一步加快推进钢铁、电解铝等行业兼并重组，提高行业集中度。推动重点行业集中集聚发展，引导符合环境准入要求的行业企业向产业园区转移，提高集约化、现代化水平，形成规模效益和集聚效应。落实石化产业规划布局方案，有序推进炼化一体化项目建设。推动炼化产业由燃料型向燃料—化工型转变和精细化发展，扩大高附加值产品比重。有序引导电炉短流程炼钢发展，减少吨钢二氧化碳排放量。

二是加快化解过剩产能、淘汰落后产能。严格落实钢铁、水泥、平板玻璃、电解铝等行业产能置换政策，加强重点行业产能过剩分析预警和窗口指导，加快化解过剩产能。完善以环保、能耗、质量、安全、技术为主的综合标准体系，严格常态化执法和强制性标准实施，持续依法依规淘汰落后产能。加大闲置产能处置力度。综合发挥能效标准、碳排放标准等约束作用，引导低效产能有序退出。

三是引导产品结构升级、扩大绿色产品供给。构建工业领域全链条绿色产品供给体系，鼓励企业开发推广低碳环保产品。打造绿色消费场景，扩大新能源汽车、光伏光热产品、绿色消费类电器电子产品、绿色建材等消费，继续推广绿色智能家电产品。推行绿色产品认证与标识制度。

（二）坚决遏制高耗能、高排放、低水平项目盲目发展

坚决遏制高耗能、高排放、低水平项目盲目发展，关键是遏制

盲目发展的冲动和低水平重复建设。

对于在建高耗能、高排放项目。进行清单化管理，复核项目节能审查、环评审批等情况，对未履行相关审查审批手续、把关不严、落实要求不力的项目，严格开展限时整改。评估在建项目主要产品能效水平，确保高于本行业能耗限额基准值。推动在建项目能效水平应提尽提，力争全面达到国内标杆值乃至国际先进水平。

对于拟建高耗能、高排放项目。深入论证项目建设必要性、可行性，认真分析评估项目对本地区能耗强度、二氧化碳排放、产业高质量发展和环境质量的影响。对不符合国家产业规划、产业政策和节能环保要求的项目坚决停批、停建。

对于存量高耗能、高排放项目。梳理形成项目台账，逐一排查评估。对有节能减排潜力的项目进行改造升级，属于落后产能的项目加快淘汰退出。对于违反产业政策、违规审批和建设的存量项目，坚决从严查处。定期组织开展节能监察行动，强化节能管理服务，实行闭环管理。

（三）推动传统产业节能降碳

"十三五"时期，我国传统产业节能降碳工作取得积极成效，重点耗能工业企业吨钢、吨合成氨生产综合能耗分别下降4.8%、3.8%。"十四五"期间，传统产业仍是我国节能降碳的重点，要深入实施节能降碳改造升级，调整用能结构，加强能源管理，实施工艺革新，推动传统产业绿色低碳发展。

一是实施节能降碳改造升级。对照能效标杆水平推进拟建、在建项目建设实施。对能效低于本行业基准水平的存量项目，合理设置政策实施过渡期，引导企业有序开展节能降碳技术改造，提高生产运行能效，对于不能按期改造完成的项目实行淘汰退出。推动工艺革新降碳，利用数字技术和先进工艺等对传统产业工艺流程和用能设备进行绿色低碳升级改造。

二是实施能源替代降碳改造。提升工业终端用能电气化水平，在具备条件的行业和地区加快推广应用电窑炉、电锅炉、电动力设备。利用氢能、生物燃料、垃圾衍生燃料等替代传统能源。鼓励工厂、园区发展屋顶光伏、分散式风电、多元储能、高效热泵等，推进多能高效互补利用。

三是加强能源管理节能降碳。落实重点用能单位能源利用状况报告制度，完善能耗在线监测系统，鼓励企业、园区建设能源综合管理系统，实现能效优化调控。强化以电为核心的能源需求侧管理，引导企业提高用能效率和需求响应能力。开展节能诊断，积极推进节能诊断服务和节能服务进企业。

二、大力发展绿色低碳产业

发展绿色低碳产业符合国际发展潮流，是提高我国制造业竞争力、实现高质量发展的内在要求。要紧紧抓住新一轮科技革命和产业变革的机遇，推动新兴技术与绿色低碳产业深度融合，建立健全绿色制造体系和服务体系，为实现碳达峰碳中和目标提供坚实的产业支撑。

（一）发挥战略性新兴产业引擎作用

发展战略性新兴产业是加快形成绿色低碳经济增长点、推动产业结构优化升级的重要途径。"十四五"期间，要更好发挥战略性新兴产业重要引擎作用，加快构建现代产业体系，推动经济高质量发展。

一是加快节能环保新业态发展。持续深化节能环保服务模式创新，充分激发节能环保市场活力，培育壮大新业态。做大做强节能服务产业，满足用能单位个性化需求。开展环境综合治理托管、生态环境导向的开发模式等模式创新，提升环境治理服务业水平。

二是加快新一代信息技术产业提质增效。加大第五代移动通信建设投资和商用发展步伐，稳步推进工业互联网、人工智能、物联网等技术集成创新和融合应用。加快与碳达峰碳中和密切相关的基础材料、关键芯片、高端元器件、新型显示器件、关键软件等核心技术攻关。

三是加快新能源产业跨越式发展。聚焦新能源装备制造"卡脖子"问题，加快推动核心技术部件自主研发制造。加大对新能源产业智能化制造和数字化升级的支撑力度。持续提高新能源产业国际化水平。

四是加快智能及新能源汽车产业基础支撑能力建设。加快新能源汽车充换电站建设，提升高速公路服务区和公共停车位的充电基础设施覆盖率。以支撑智能汽车应用和改善出行为切入点，建设城市道路、建筑、公共设施融合感知体系，推动智能汽车与智慧城市协同发展。提高城市公交、出租、环卫、邮政快递、城市物流配送等领域车辆电动化比例。

此外，还要加快生物、高端装备制造、新材料、数字创意等战略性新兴产业与绿色低碳产业的融合发展，多产业、多维度助力实现碳达峰碳中和目标。

（二）建设绿色制造体系

制造业是我国经济发展的根基，是推动经济提质增效的主战场。要积极发展绿色工厂、绿色产品、绿色园区、绿色供应链，加快构建绿色制造体系，推动制造业绿色低碳发展。

一是创建绿色工厂。采用绿色建筑技术建设改造厂房，预留可再生能源应用场所和设计负荷，合理布局厂区内能量流、物质流路径。推广绿色设计和绿色采购，开展清洁生产评价认证，推动存量企业及园区实施节能、节水、节材、减污、降碳等清洁生产改造，淘汰落后技术装备。建立资源回收循环利用机制，推动用能结构优化，实现工厂绿色发展。

二是开发绿色产品。按照全生命周期理念，在产品设计开发阶段系统考虑原材料选用、生产、销售、使用、回收、处理等各环节，应用模块化、集成化、智能化等绿色产品设计技术，采用高性能、轻量化、绿色环保的新材料，开发具有无害化、节能、环保、高可靠性、长寿命和易回收等特性的绿色产品，实现产品对能源资源消耗最低化、生态环境影响最小化、可再生率最大化。

三是建设绿色园区。在园区规划、空间布局、产业链设计、能源资源利用、基础设施建设、日常运行管理等方面贯彻绿色低碳理念，建设布局集聚化、结构绿色化、链接生态化的绿色园区。推动园区基础设施共建共享，促进园区内企业废物资源交换利用，补全园区产业绿色链条，实现园区整体绿色发展。

四是构建绿色供应链。建立以资源节约、环境友好为导向的采购、生产、营销、回收及物流体系，加强供应链上下游企业间协调与协作，发挥核心龙头企业的引领带动作用，实施绿色伙伴式供应商管理，推动上下游企业共同实现资源利用高效化、环境影响最小化。

（三）推动数字化赋能绿色低碳转型

综合分析应用海量数据，可以优化生产工艺，提高能源利用效率，降低二氧化碳排放。要加快推进新一代信息技术、数字化管理体系、"工业互联网＋"等技术在绿色低碳发展领域的应用，实现数字化绿色化融合发展。

一是推动新一代信息技术与制造业深度融合。利用大数据、第五代移动通信、工业互联网、云计算、人工智能、数字孪生等新一代信息技术，开展绿色用能监测评价，加强全流程精细化管理，持续推动工艺革新、装备升级、管理优化和生产过程智能化。深入实施智能制造，打造数字化协同绿色供应链，推动产品全生命周期管理。

二是推进"工业互联网＋绿色低碳"。鼓励电信企业、信息服务企业和工业企业加强合作，统筹共享低碳信息基础数据和工业大数据资源，为生产流程再造、跨行业耦合、跨区域协同、跨领域配供等提供数据支撑。聚焦能源管理、节能降碳等典型场景，培育推广标准化的"工业互联网＋绿色低碳"解决方案和工业APP。

三是探索建立数字化碳排放管理体系。推动重点用能设备上云上平台，提升碳排放数字化管理、网格化协同、智能化管控水平。促进企业构建碳排放数据计量、监测、分析体系。打造重点行业碳达峰碳中和公共服务平台，探索建立产品全生命周期碳排放基础数据库。

三、大力发展循环经济

循环经济以资源高效循环利用为核心，以减量化、再利用、资源化为原则，以低消耗、低排放、高效率为基本特征。要大力发展循环经济，全面提高资源利用效率，充分发挥减少资源消耗和碳排放的协同作用。

[知识链接]

循环经济的碳减排效用

发展循环经济对碳减排具有重要促进作用，举例分析如下：

材料替代。如在水泥生产的熟料煅烧环节，利用粉煤灰等固体废物替代石灰石等碳酸盐类高载碳原料，可有效降低石灰石分解产生的碳排放，每综合利用1吨粉煤灰等固体废物可减少二氧化碳排放约0.85吨。

流程优化。通过回收利用废钢铁、废铝、废塑料等再生资源，可大幅缩短原有的工艺流程，有效减少能源和资源消耗。例如，用废钢替代天然铁矿石用于钢铁冶炼，每生产1吨钢可减少二氧化碳排放约1.6吨。

燃料替代。利用生物质替代化石能源进行发电，每生产1万千瓦时电力，可减少生产环节二氧化碳排放约8.1吨。

能效提升。通过余热余压回收利用、产业园区能源等基础设施共建共享等措施，可大幅提高能源利用效率。

产品循环。利用再制造、高质量翻新、延寿等技术手段，可大幅削减制造新件带来的能源资源消耗和二氧化碳排放。一般来说，再制造产品可较制造新件节材70%—80%，可减少80%以上的二氧化碳排放。

（一）构建资源循环型产业体系

以提升资源产出率和循环利用率为目标，推动企业循环式生产、产业循环式组合，加强园区产业循环链接。推动低碳原料替代，优化煤化工及合成氨、甲醇生产等原料结构，推动石化原料多元化，支持发展生物质化工。进一步拓宽大宗固废综合利用渠道，加强复杂难用工业固废规模化利用技术研发。推进退役动力电池、光伏组件、风电机组叶片等新型废弃物回收利用。推进城市废弃物协同处置，完善政策机制和标准规范，保障协同处置设施稳定运行和污染物达标排放。

（二）构建废旧物资循环利用体系

完善废旧物资回收网络，统筹推进废旧物资回收网点与生活垃圾分类网点"两网融合"。推行"互联网＋回收"模式，提升废旧物资回收行业信息化水平。提高再生资源加工利用技术水平，规范行业管理，建立再生原材料推广使用制度，扩大再生原材料应用市场。推行"互联网＋二手"模式，提高二手商品交易效率。大力推广再制造产品和设备，推进再制造产业高质量发展。

（三）深化农业循环经济发展

推行循环型农业发展模式，打造生态农场和生态循环农业产业联合体，探索可持续运行机制。加强农作物秸秆综合利用，坚持农用优先，强化秸秆焚烧管控，鼓励秸秆离田产业化利用。加强畜禽粪污处理设施建设，鼓励种养结合，促进农用有机肥就地就近还田利用，提高畜禽粪污资源化利用水平。支持区域性废旧农用物资集中处置利用设施建设，提高废旧农用物资规模化、资源化利用水平。推进农村生物质能开发利用，积极发挥清洁能源供应和农村生态环境治理综合效益。

第六讲
加快推进低碳交通运输体系建设

交通运输是二氧化碳排放的主要领域之一。加快建设交通强国，构建安全、便捷、高效、绿色、经济的现代化综合交通体系，需大力发展低碳运输工具装备，推广智能交通，优化运输结构，鼓励绿色出行。

一、推动运输工具装备低碳转型

运输工具装备是交通运输领域能源消耗的主要载体。推动运输工具装备低碳转型，是交通运输领域绿色低碳发展的重要方面。

（一）车辆绿色低碳转型

截至 2021 年底，全国新能源汽车累计推广量超过 900 万辆，城市公交车中新能源车辆占比超过 71%。要进一步发展新能源汽车，制定车辆碳排放标准，促进运输车辆低碳转型。加快运输车辆电气化替代，逐步扩大新能源车和传统燃料车辆使用成本梯度。加快发展非粮食原料先进生物液体燃料、可再生合成燃料等低碳燃料，推动新能源、清洁能源、可再生合成燃料在中重型卡车等运输车辆中的应用。推动城市公共服务车辆电气化替代，到 2025 年城区常住人口 100 万及以上城市（严寒地区除外）新增和更新公务用车、环卫车辆、城市物流配送、邮政快递、城市公交、出租汽车等电动车辆占比达到 80% 以上。支持运输车辆轻量化设计制造，制修订适应碳达峰碳中和要求的营运车辆能耗限制准入标准，健全营运车辆能效标识，到 2030 年乘用车和商用车新车碳排放强度较 2020 年分别下降 25% 和 20% 以上，大气污染防治重点区域新能源汽车销售量达到汽车新车销售量的 50% 左右。

（二）船舶绿色低碳转型

截至 2021 年底，长江经济带岸电设施覆盖泊位 7300 余个；2021 年长江经济带港口和水上服务区累计使用岸电约 6615 万千瓦时，同比增长约 32%。加快老旧船舶更新改造，提升船舶能效标准。协同推进船舶和港口岸电设施匹配改造，深入推进重点区域、重点航线船舶靠港使用岸电。深入推进内河液化天然气动力船舶推广应用，支持沿海及远洋液化天然气动力船舶发展，因地制宜推动纯电动旅游客船应用。积极探索油电混合、氢燃料、氨燃料、甲醇动力船舶应用。探索氢能等在民用船舶领域研发，加大对船用电池、大中型天然气发动机的研发和推广应用力度。严格执行船舶强制报废制度，鼓励提前淘汰高耗能、高污染老旧船舶。

（三）航空绿色低碳转型

近年来，我国航空领域节能降碳能力不断增强，仅以机场为例，截至 2021 年底，全国机场能源消费中电能占比近 60%，机场光伏项目年发电量超 2000 万千瓦时。场内电动车量占比提升至 21%，车辆设备国产化率超过 90%。要持续推动航空工具低碳转型，提高航空工具能效，不断挖掘航空领域节能降碳潜力。调整优化机队规模结构，鼓励航空运输公司加快退出高排放老旧飞机，积极选用先进可靠的航空脱碳技术装备。有序推动纯电动、油电混动飞机在通航领域应用。发展航空绿色技术，优化动力、航线航班、飞行操纵和减重配载技术等，提高航空运输效率和机场运行效率，开展发动机升级和飞行程序设计改进等先进技术研究。推动可持续航空燃料商业应用取得突破，力争 2025 年当年可持续航空燃料消费量达 2 万吨以上。

（四）铁路绿色低碳转型

截至 2021 年底，我国国家铁路电气化率已提升至 75% 左右，电力机车牵引工作量达到 90.5%。"十三五"期间，我国铁路货运量增加 12.2 亿吨，占全国货物运输量的比重累计增加 2 个百分点。今后一个时期，我国将持续提高铁路运输工具能效，充分发挥铁路运输骨干作用。优化牵引动力结构，提高电气化铁路承担运输量比重。加强再生制动、节能驾驶、装备轻量化等技术研究，全面提升牵引供电系统性能与品质，推动铁路装备升级，实施铁路减污降碳工程，稳步推进铁路电气化改造，力争到 2030 年全国铁路综合能耗强度比 2020 年下降 10%。

[知识链接]

新能源交通工具推广应用行动

电动货车和氢燃料电池车辆推广行动。在北京、天津和河北石家庄等城市的中心城区推进纯电动物流配送车辆应用。鼓励钢铁、煤炭等工矿企业将纯电动重卡作为场内短途运输装备。选择河北张家口等具备条件的城市，在城际客运、重型货车、冷链物流车等领域开展氢燃料电池汽车试点应用。

城市绿色货运配送示范工程。组织开展城市绿色货运配送示范工程创建，完善城市配送物流基础设施，推广新能源、清洁能源货运配送车辆，推动货运配送车辆标准化、专业化发展，探索绿色货运配送发展模式，加快推动城市货运配送体系绿色低碳发展。

岸电推广应用行动。在长江经济带、西江航运干线、环渤海等重点区域，上海、天津、海南、深圳等重点省市和琼州海峡、渤海湾省际客运等重点航线，深入推进船舶岸电建设与使用。

近零碳枢纽场站建设行动。在重要港区、货运场站率先开展近零碳枢纽场站建设行动，加快推进新能源和可再生能源在内部作业机械、供暖制冷设施设备的应用。

二、构建绿色高效交通运输体系

打造绿色高效交通运输体系，既是交通运输行业绿色低碳发展的关键举措，也是实现交通运输高质量发展的重要途径。要优化调整运输结构，创新运输组织模式，发展智能交通，倡导绿色出行，加快推动交通运输绿色低碳转型。

（一）优化调整大宗货物运输结构

铁路运输的能耗强度是公路的 1/7，污染物排放强度是公路的 1/13，水运运输的能耗强度比铁路更低。大力发展多式联运，推动大宗物资运输"公转铁""公转水"，是加快交通运输绿色低碳转型最有效的途径之一。

提高"公转铁"运输水平。精准补齐港口集疏运铁路和物流园区、工矿企业铁路专用线短板，提升"门到门"服务质量。加强普速铁路建设和既有铁路扩能改造，着力消除干线瓶颈，推进既有铁路运能紧张路段能力补强，扩大铁路覆盖广度和通达深度。加快健全铁路货运追踪监测系统建设并实现信息共享，提高铁路网整体运营效率。扩大铁路货运市场份额。强化源头环节货物装载监控，防止违法超限超标车辆出厂（场、站）上路行驶。

畅通"公转水"设施网络。以长三角、粤港澳大湾区等为重点，推进"公转水"以及铁水联运、江海联运。加强港口资源整合，鼓励工矿企业、粮食企业等货物"散改集"。推动内河高等级航道扩能升级与畅通攻坚，完善长江、珠江、京杭运河和淮河等水系内河高等级航道网络，进一步提升珠三角高等级航道网出海能力。加快专业化、规模化内河港口建设，合理集中布局集装箱、煤炭、铁矿石、商品汽车等专业化码头，推动重要支流航道和库湖区航道、内河旅游航道、便民码头建设。

（二）推广高效运输组织模式

依据不同地区交通基础设施建设特点，推动各种交通运输方式深度融合，不断优化多式联运模式，提升运输效率，打造绿色物流体系，加快形成绿色低碳集约高效的运输组织模式。

一是大力发展多式联运。加快发展以铁路、水路为骨干的多式联运，推动铁水、公铁、公水、空陆等联运发展。推广跨方式快速换装转运标准化设施设备，形成统一的多式联运标准和规则，提高集装箱共享共用水平，推动铁路、港口、船公司、民航等企业信息系统对接和数据共享，开放列车到发时刻、货物装卸、船舶到离港等信息。以铁路与海运衔接为重点，推动建立与多式联运相适应的规则协调和互认机制，深入推进多式联运"一单制"。推进多式联运示范工程建设，加快培育一批具有全球影响力的多式联运龙头企业。探索推广应用集装箱模块化汽车列车运输，提高多式联运占比。

二是着力提高运输效率。推进出行服务快速化、便捷化，构建大容量快速低碳客运服务体系，丰富普通旅客列车客运产品，开好"夕发朝至"列车和公益性"慢火车"。推进铁路场站适货化改造，积极发展高铁快运。统筹江海直达和江海联运发展，积极推进干散货、集装箱江海直达运输，提高水转水货运量。优化航线航路网络，推进航线"去弯取直"。提高城市群内轨道交通通勤化水平，推广城际道路客运公交化运行模式，打造旅客联程运输系统。

三是建设现代物流体系。加快城乡物流配送体系和快递公共末端设施建设，完善农村配送网络，大力发展集中配送、共同配送、分时配送、夜间配送，促进城乡双向流通。推进电商物流、冷链物流、大件运输、危险品物流等专业化物流发展，促进城际干线运输和城市末端配送有机衔接，鼓励发展集约化配送模式。大力推进"互联网 +"现代物流发展，通过运用大数据、人工智能等先进技术手段，形成线上服务、线下体验与现代物流深度融合的零售新模式，不断提升物流的及时响应、定制化匹配能力。

（三）加快发展智能交通

智能交通是将物联网、云计算、人工智能、自动控制、移动互联网等技术应用到交通运输过程的新型交通模式，可有效提高运输效率，节约能源资源，减少二氧化碳排放。

一是加强智慧交通系统建设。推动大数据、互联网、人工智能、区块链、超级计算等新技术与交通行业深度融合，加大交通信息基础设施建设力度，提升数字化、信息化治理水平。构建以国家综合交通大数据中心为枢纽，覆盖和连接各省级综合交通大数据中心的架构体系，加速交通基础设施网、运输服务网、能源网与信息网络融合发展。

二是加大城市道路拥堵治理力度。优化完善城市交通信号控制系统和交通出行诱导系统，科学合理、智能灵活调整信号灯配时。因地制宜设置自动化潮汐车道，推进停车电子化收费，推广智能化停车服务。综合治理城市道路交通拥堵点段，优化学校、医院、商业区等重点区域交通组织，缓解交通拥堵。

三是规范网络货运平台经营行为。鼓励网络货运经营者利用大数据、云计算、人工智能等技术整合分散货运资源，提升供需精准匹配度，减少运输空驶率、空载率。进一步完善网络货运平台运行监测管理制度和经营者信用评价机制，引导平台健康持续发展。

（四）积极引导绿色低碳出行

全面推进城市公共交通系统、慢行系统等绿色低碳交通基础设施建设，加快构建绿色出行体系，提高居民绿色低碳出行比重。

一是全面推进城市公共交通系统建设。深入实施城市公共交通优先发展战略，深化国家公交都市建设。推动具备条件的超大、特大城市构建以城市轨道交通为骨干、常规公交为主体的城市公共交通系统，推进快速公交、微循环公交发展。大城市形成以地面公交为主体的城市公共交通系统，发展重要客流走廊快速公交。中小城市聚焦城区公共交通运营效率提升，逐步提高站点覆盖率和服务水平。

二是加快构建绿色出行体系。构建常规公交、慢行交通融合发展的多元化绿色交通出行体系。强化公交地铁换乘接驳，提升一体化协调运营服务水平，持续改善公众出行体验。加强城市步行和自行车等慢行交通系统及配套设施建设，提高非机动车道的连续性、通畅性和安全性，改善行人过街设施条件，完善交通安全设施。

三是大力培育绿色出行文化。积极组织开展绿色出行宣传月和公交出行宣传周活动，深入机关、社区、校园、企业和乡村开展宣传，提高公众对绿色出行方式的认知度和接受度。积极倡导公务出行优先选择绿色出行方式，推进将公共交通、绿色出行优先纳入工会会员普惠制服务。到 2030 年，城区常住人口 100 万以上的城市，居民使用绿色出行方式的比例不低于 70%。

三、大力推进低碳交通基础设施建设

加快低碳交通基础设施建设，是推进交通运输绿色低碳转型的重要条件。要将绿色低碳理念贯穿交通基础设施建设全过程，加大既有交通基础设施绿色化改造力度，有序推进清洁能源基础设施建设，提高交通网络绿色低碳水平。

（一）加强交通绿色基础设施建设

统筹交通基础设施空间布局，全面推进绿色交通基础设施建设，推广新能源和清洁能源应用，提高设施综合利用效率，为交通领域降碳提供支撑。

一是强化绿色低碳理念引领。将生态优先、绿色低碳理念贯穿交通路网、枢纽等基础设施规划、设计、建设、管理、运营和维护全过程，统筹利用综合运输通道线位、土地、空域等资源，加大岸线、锚地等资源整合力度，尽量减少对生态敏感区的占用，建设集约化、一体化绿色综合交通枢纽。

二是推进路网沿线光伏发电应用。探索"光伏＋交通"等融合发展项目推广应用，推动交通领域光伏电站及充电桩示范建设。探索光伏发电在公路服务区（停车场）、加油站、公路边坡、公路隧道、公交货运场站、港口码头、航标等导助航设施、码头趸船、海岛工作站点等领域的应用。

三是加快清洁能源设施建设。在确保安全的前提下，有序推进液化天然气、氢能加注设施和综合能源供应设施在公路、内河沿线和沿海布局建设，强化车船应用新能源、清洁能源供应保障。在长江干线、西江航运干线、京杭运河布局液化天然气加注码头。推动沿海船舶液化天然气加注设施建设。

四是深化公路航道绿色化升级。推进新开工高速公路全面落实绿色公路建设要求，引导有条件的国道、农村公路参照绿色公路要求建设。大力推进绿色航道发展，加快推广航道工程绿色建养技术，推广应用生态友好型新材料、新工艺，促进疏浚土等综合利用，及时开展航道生态修复和生态补偿。

（二）推进交通枢纽场站绿色升级

交通枢纽场站是交通运输的连接点，也是提升交通运输效率、推进交通领域降碳的关键领域之一。要进一步强化清洁能源在交通枢纽场站的推广应用，加大交通枢纽场站绿色改造力度，持续强化基础设施绿色化改造，使交通枢纽场站绿色化水平再上新台阶。

加大既有交通枢纽场站绿色改造力度。鼓励老旧服务区开展节能环保升级改造，加大建筑节能技术在新建服务区应用。全面提升港口污染防治、节能低碳、生态保护、资源循环利用及绿色运输组织水平，持续推进绿色港口建设。推动内河老旧码头升级改造，积极推进散乱码头优化整合和有序退出。选用先进高效技术装备，加强既有机场设施设备用电精细化管理，着力提升用能效率。

推进清洁能源在交通枢纽场站的应用。分区域构建综合交通枢纽场站"分布式光伏＋储能＋微电网"的综合能源系统，根据资源条件，推动铁路场站、民用运输机场、港口码头、物流枢纽、仓储分拣设施增建光伏设施，因地制宜利用地热能等可再生能源供热制冷，发展临港风电等能源系统。探索枢纽场站智慧能源管理系统研发应用，建立气象、客流监测预测数据平台，动态调整用能负荷，提升节能水平。

（三）加快构建充换电基础设施体系

2021 年全国共建成充电桩 93.6 万个、充电站 1.4 万座、换电站 725 座，形成了全球最大规模的充换电网络，城乡公共充换电网络布局取得初步成效。要继续完善充换电基础设施体系，因地制宜健全城乡公共充换电网络格局，同步推进居住社区充电设施建设，搭建适度超前、布局均衡、智能高效的充换电基础设施体系。

一是加快城乡公共充换电网络布局。积极建设城际充换电网络，提升公共充电服务保障能力。充分考虑公交、出租、邮政快递、物流等专用车充电需求，结合停车场站等建设专用充电站。鼓励充电运营企业通过新建、改建、扩容、迁移等方式，逐步提高快充桩占比。加快制定省级高速公路快充网络分阶段覆盖方案，将快充站纳入高速公路服务区配套基础设施范围，做好建设用地和配套电源保障。

二是加快推进居住社区充电设施建设。大力推进停车场与充电设施一体化建设，实现停车和充电数据信息互联互通。推动新建居住社区全面落实固定车位配套充电设施或预留安装条件等要求，结合城镇老旧小区改造及城市居住社区建设补短板行动，推进既有居住社区充电设施建设，建立充电车位分时共享机制，为用户充电创造条件。

　　三是加强车网互动等新技术研发应用。支持电网企业联合车企等产业链上下游打造新能源汽车与智慧能源融合创新平台，开展跨行业联合创新与技术研发，鼓励开展车网互动应用试点。加快开展智能有序充电示范小区建设，加快推广双向互动智能充电设施。鼓励将智能有序充电纳入充电桩和新能源汽车产品功能范围，加快形成行业统一标准。

第七讲
提高城乡建设绿色低碳发展质量

城乡建设是推动绿色发展、建设美丽中国的重要载体。随着城镇化推进和人民生活水平提高，城乡建设领域二氧化碳排放还将呈上升趋势。要坚持绿色低碳发展路径，加快实施城市更新和乡村振兴，推广绿色建造方式，优化建筑用能结构，提升城乡建设绿色低碳发展水平。

一、推进城乡建设绿色低碳转型

坚持走生态优先、节约优先、保护优先的城乡建设绿色发展之路，扭转大量建设、大量消耗、大量排放的传统发展观念，兼顾生态效益、经济效益、社会效益，推动城乡建设领域迈出新步伐。

（一）强化绿色低碳规划引领

绿色低碳规划是推动城乡建设绿色低碳转型的首要环节，要将绿色低碳理念贯穿到规划、建设、管理各环节。制定国土空间规划，要以绿色低碳发展为引领，坚持改善生态环境，促进能源资源节约和综合利用，合理确定城镇开发边界，优化城市形态、密度、功能布局和建设方式。构建节约集约、尺度宜人的县城格局，强化建设密度与强度管控，建筑高度要与消防救援能力相匹配，顺应原有地形地貌，实现县城与自然环境融合协调，因地制宜推行大分散与小区域集中相结合的基础设施分布式布局。合理布局乡村建设，保护乡村生态环境，减少能源资源消耗。完善规划、建设、管理制度，创新建设管控和引导机制，动态管控城乡建设进程，确保一张蓝图实施不走样、不变形。

（二）推动城市组团式发展

城市组团式发展是现代城市发展的新形态，有利于生产要素在更大范围和空间内优化配置，更好促进城市综合承载和辐射带动作用。要积极开展绿色低碳城市建设，推动组团内城市生态修复，完善城市生态系统，加强生态廊道、景观视廊、通风廊道、滨水空间和城市绿道统筹布局，留足城市河湖生态空间和防洪排涝空间。结合组团内城市特点，加强城市设施与原有河流、湖泊等生态本底的有效衔接，因地制宜，系统化全域推进海绵城市建设，综合采用"渗、滞、蓄、净、用、排"方式，加大雨水蓄滞与利用。

（三）推广绿色建造方式

绿色建造是按照绿色发展的要求，通过科学管理和技术创新，采用有利于节约资源、保护环境、减少排放、提高效率、保障品质的建造方式，实现人与自然和谐共生的工程建造活动。工程策划阶段，编制项目绿色策划方案，科学确定绿色建造总体目标和资源节约、环境保护、减少碳排放等分项目标。设计阶段，统筹建筑、结构、装饰装修、景观园林等各专业设计，实现工程全寿命周期系统化集成设计。施工阶段，在保证工程质量、施工安全等基本要求的前提下，积极采用工业化、智能化建造方式，选用绿色建筑材料、部品部件，加强绿色施工新技术、新材料、新工艺应用，最大限度地节约能源资源，减少对生态环境的负面影响。交付阶段，在综合效能调适、绿色建造效果评估的基础上，制定交付策略、交付标准和交付方案。

二、大力发展节能低碳建筑

建筑是城乡建设领域二氧化碳排放的重点。要进一步提高建筑节能标准，加强既有建筑节能绿色化改造，积极推广绿色建材，促进城乡建设绿色低碳发展。

（一）提高新建建筑节能标准

提升新建建筑能效，要以完善先进的建筑节能标准为基础。近年来，我国建筑节能标准体系建设取得显著成效，但与碳达峰碳中和目标要求相比，还存在标准水平滞后、覆盖环节不全、支撑能力不足等问题。要进一步完善建筑节能与绿色建筑标准体系，组织开展零碳建筑标准、绿色建筑设计标准、绿色建筑工程施工质量验收规范、建筑碳排放核算标准等制修订工作。启动新建建筑能效"小步快跑"提升计划，分阶段、分类型、分气候区提高城镇新建民用建筑节能强制性标准，重点提高建筑门窗等关键部品节能性能要求，因地制宜推广防火等级高、保温隔热性能好的建筑保温隔热系统。稳步提升政府投资公益性建筑和大型公共建筑节能标准。

（二）推进既有建筑节能改造

当前，我国既有建筑中有相当大一部分存在围护结构老旧、保温效果不佳、设备能效水平偏低等问题。提升建筑领域能源利用效率，要加快推进既有居住建筑和公共建筑节能改造。

提高既有居住建筑节能水平。严寒、寒冷地区，结合北方地区冬季清洁取暖工作，持续推进建筑用户侧能效提升改造、供热管网保温及智能调控改造。夏热冬冷地区，积极开展既有居住建筑节能改造，提高建筑用能效率和室内舒适度。鼓励在城市更新、城镇老旧小区改造中加强建筑节能改造，统筹推进节能、低碳、宜居综合改造模式。引导居民在更换门窗、空调、壁挂炉等部品及设备时采购高能效产品。

推动既有公共建筑节能改造。强化公共建筑能耗运行监管，统筹应用能耗统计、能源审计、能耗监测等数据信息，提升公共建筑节能运行水平。加强公共建筑用能系统和围护结构改造。推广建筑设施设备优化控制策略，提高采暖空调系统和电气系统效率，加快发光二极管（LED）照明灯具普及，采用电梯智能群控等节能技术。推动公共建筑定期开展用能设备运行调试，提高能效水平。

（三）全面推广绿色低碳建材

建筑材料行业是重要的基础原材料产业，也是建筑碳排放的重要环节。要加大绿色建材产品和关键技术研发投入，推广高强钢筋、高性能混凝土、高性能砌体材料、结构保温一体化墙板等，鼓励发展性能优良的预制构件和部品部件。在政府投资工程中率先采用绿色建材，大幅提高城镇新建建筑中绿色建材应用比例。开展绿色建材产品集成选材技术研究，推广新型功能环保建材产品与配套应用技术，提升建筑使用功能。推进绿色建材产品标准、认证、标识推广应用工作，规范绿色建材产品认证市场秩序。

三、优化建筑用能结构

优化建筑用能结构可以从源头减少建筑领域化石能源消耗和二氧化碳排放。要扩大可再生能源应用规模，推动实施建筑电气化工程，因地制宜推进清洁低碳供暖，加快推动建筑用能低碳化。

（一）深化可再生能源建筑应用

加强可再生能源在建筑领域应用，有效减少化石能源依赖，推动降低建筑运行过程碳排放水平。

一是推动太阳能建筑应用。坚持宜电则电、宜热则热，根据太阳能资源条件、建筑利用条件和用能需求，统筹推动太阳能光伏、光热系统应用。推进新建建筑太阳能光伏一体化设计、施工、安装，鼓励政府投资公益性建筑加强太阳能光伏应用。开展以智能光伏系统为核心，以储能、建筑电力需求响应等新技术为载体的区域级光伏分布式应用示范。在城市酒店、学校和医院等有稳定热水需求的公共建筑中积极推广太阳能光热技术，在农村地区积极推广被动式太阳能房等适宜技术。

二是加强地热能等可再生能源利用。因地制宜推广应用地热能、空气热能、生物质能。鼓励根据地热能资源禀赋及建筑用能需求，推广使用地源热泵技术。在不影响土壤冷热平衡及地下空间开发利用的基础上，推广浅层土壤源热泵技术，采用梯级利用方式开展中深层地热能开发利用。在寒冷地区、夏热冬冷地区积极推广空气能热泵技术应用。合理发展生物质能供暖。

三是提升终端用能电气化水平。充分发挥电力清洁、便利、易获得等优势，建立以电力消费为核心的建筑能源消费体系。在夏热冬冷地区积极采用热泵等电采暖方式解决新增采暖需求。在大型商场、办公楼、酒店、机场航站楼等建筑中推广应用热泵、电蓄冷空调、蓄热电锅炉等。引导生活热水和炊事用能向电气化发展，促进高效电气化技术与设备研发应用。鼓励建设以"光储直柔"为特征的新型建筑电力系统，发展柔性用电建筑。

[知识链接]

"光储直柔"建筑

光储直柔，是太阳能光伏、储能、直流配电和柔性用电四项技术的简称。"光"指充分利用建筑表面发展光伏发电；"储"指蓄电池，包括电动汽车内的蓄电池和建筑内部的蓄电池，为建筑形成强大的蓄电能力，从而解决移峰调节问题；"直"指建筑内部的直流配电系统，通过对直流电压的控制，调节建筑内部用电设备的用电功率；"柔"指通过调节直流电压、利用储能移峰、调整用电负荷等手段主动改变建筑从市政电网取电功率，使建筑用电由刚性负载转变为柔性负载，实现柔性用电。

（二）推行化石能源清洁低碳供暖

在未来较长时期内，化石能源仍将是北方地区集中供暖的基础性热源。要推动化石能源供暖清洁低碳发展，提高供热燃煤质量，推进燃煤锅炉"以大代小"和节能环保综合改造，推广高效节能环保煤粉锅炉。充分利用存量机组供热能力，鼓励热电联产机组充分利用乏汽余热、循环冷却水余热，进一步增强供暖能力。加大老旧供热管网、换热站及室内取暖系统的节能改造。推广热源侧运行优化、热网自动控制系统、管网水力平衡改造等节能技术措施，提升供热全系统运行调节、控制和管理水平。按照节约能源、因地制宜的原则，合理确定室内供暖方式。推行集中供暖地区居住和公共建筑供热计量，提高居民分户计量意识，实现用户自觉节能。

四、推进农业农村绿色低碳发展

农业农村绿色低碳发展是全面推进乡村振兴的内在要求，是农业农村现代化的必然方向。要推动农业绿色低碳发展，加快绿色农房建设，加大可再生能源应用，提高农村电气化水平，实现农业农村绿色发展再上新台阶。

（一）推动农业绿色低碳发展

坚持质量兴农、绿色兴农，发展生态循环农业，形成农业发展与资源环境承载力相匹配、与生产生活条件相协调的总体布局，切实保障国家粮食安全和重要农产品有效供给。

一是推动种植业绿色低碳发展。以水稻主产区为重点，强化稻田水分管理，因地制宜推广稻田节水灌溉技术，推广有机肥腐熟还田等技术，选育推广高产、优质、低碳水稻品种。以粮食主产区、果菜茶优势产区、农业绿色发展先行区等为重点，推广作物吸收、利用率高的新型肥料产品和水肥一体化等高效施肥技术，推进有机肥与化肥结合使用，倡导有机肥替代化肥，实现氮肥减量增效。

二是推动畜牧业绿色低碳发展。以畜禽规模养殖场为重点，推广低蛋白日粮、全株青贮等技术和高产低排放畜禽品种，改进畜禽饲养管理，实施精准饲喂，降低单位畜禽产品肠道甲烷排放强度。提高畜禽粪污处理水平，改进粪污处理设施装备，推广粪污密闭处理、气体收集利用或处理技术，探索实施畜禽粪污养分平衡管理。

三是推动渔业绿色低碳发展。以重要渔业产区为重点，推进渔业设施和渔船装备节能改造，推广节能养殖机械。发展稻渔综合种养、鱼菜共生、大水面增殖等生态健康养殖模式。推进池塘标准化改造和尾水治理，发展工厂化、集装箱等循环水养殖。在近海及滩涂等主要渔业水域，开展多营养层级立体生态养殖，在沿海地区继续开展国家级海洋牧场示范区建设，实现渔业生物固碳。

四是推动农机节能减排。因地制宜发展复式、高效农机装备和电动农机装备，培育壮大新型农机服务组织，提供高效便捷的农机作业服务，减少种子、化肥、农药、水资源用量，提升作业效率，降低能源消耗。推广应用侧深施肥、精准施药、节水灌溉、高性能免耕播种等机械装备，示范推广节种节水节能节肥节药的农机化技术。实施更为严格的农机排放标准，落实农机报废更新补贴政策，加大能耗高、排放高、损失大、安全性能低的老旧农机淘汰力度。

（二）推进绿色农房建设

我国农房仍在一定程度上存在建筑质量较差、缺乏规划设计、能效水平偏低等问题。推进绿色农房建设，有利于提高农房建筑质量，改善居住条件，加快建设美丽乡村。

推进绿色低碳农房建设。提升农房绿色低碳设计建造水平，提高农村建筑能源利用效率，改善室内热环境，鼓励建设星级绿色农房和零碳农房。按照结构安全、功能完善、节能降碳等要求，制定和完善农房建设相关标准，研究制定符合地区实际的绿色低碳农房相关技术规范。鼓励就地取材和利用乡土材料，推广使用绿色建材，选用装配式钢结构、木结构等安全可靠的新型建造方式。

推动既有农房节能改造。鼓励北方地区在推进农村危房改造和抗震改造的同时实施农房节能改造，在保障住房安全的同时降低能耗和农户采暖支出，提高农房节能水平。完善农房节能措施，积极推广应用节能建材、节能门窗、节能洁具，推广使用高效照明、灶具等设施设备。

（三）优化农村用能结构

随着乡村振兴深入推进，农民生活水平不断提高，农村地区能源消费将进一步增长。要坚持因地制宜，持续加大农村可再生能源开发力度，提高可再生能源应用比例，稳步优化农村能源结构。

优化农村能源供给结构。因地制宜推进农村地区太阳能、地热能、空气热能、生物质能开发，宜电则电，宜气则气，宜煤则煤，有序推进农村生活以及农业散煤治理。创新农村可再生能源开发利用机制，优先支持分布式屋顶光伏发电和沼气发电等生物质能发电接入电网。鼓励探索统一规划、分散布局、农企合作、利益共享的可再生能源项目投资经营模式，鼓励农村集体经济组织依法以土地使用权入股、联营，与专业化企业共同投资经营可再生能源发电项目，鼓励金融机构为符合条件的农村可再生能源发电项目提供融资支持。

推动农村可再生能源利用。推进可再生能源在乡村供气、供暖、供电等方面的应用。推动在农房屋顶、院落空地、农用设施加装光伏发电系统，鼓励炊事、供暖、照明、热水、交通等用能电气化。积极有序发展以秸秆为原料的成型燃料、打捆直燃、沼气工程、热解气化等生物质能利用，推广打捆直燃集中式供热、成型燃料＋生物质锅炉供热、成型燃料＋清洁炉具分散式供暖等清洁供暖模式。加快完善农村电网，加强农村电网技术、运行和电力交易方式创新，支持新能源电力就近交易。加快完善规模化沼气、生物天然气、成型燃料等生物质能和地热能开发利用扶持政策和保障机制。

第八讲
巩固提升生态系统碳汇能力

生态系统碳汇是实现碳移除的主要手段。要围绕生态系统碳汇能力巩固和提升，持续强化国土空间规划和用途管控，守住自然生态安全边界，开展大规模国土绿化行动，推进山水林田湖草沙一体化保护和修复，在稳定生态系统固碳作用的基础上，做大碳汇增量。

一、巩固生态系统碳汇存量

巩固生态系统碳汇存量有利于碳达峰碳中和，对提升生态系统质量和稳定性具有重要作用。要合理规划国土空间用途，严格保护

[知识链接]

碳汇相关概念

根据《联合国气候变化框架公约》（以下简称《公约》）

定义，"碳汇"是指从大气中移除二氧化碳等温室气体的过程；"碳源"是指向大气中排放二氧化碳等温室气体的过程；"碳库"可形象地理解为自然界储存温室气体的"仓库"，森林、草原、湿地、耕地、冻土、海洋、岩溶等生态系统都属于碳库。《公约》重点关注人为活动导致的温室气体浓度变化，海洋微生物吸碳、自然火灾排碳等不受人为活动影响的自然现象不属于《公约》所指的"碳汇"和"碳源"范畴。

在《公约》下，二氧化碳等温室气体的人为排放和人为移除是两个环节，即碳源和碳汇的量独立核算、两者互不影响。因此，碳达峰仅指碳源的量达峰，不抵扣碳汇量。碳汇主要在碳中和阶段发挥作用，当碳源与碳汇的量全部抵消时，即实现碳中和。

自然生态空间，加强自然资源节约集约利用，强化生态系统灾害防治能力，最大程度降低人为活动对生态系统的破坏，稳定生态系统碳汇存量。

（一）严格保护自然生态空间

自然生态空间是重要的碳汇功能区，要守住自然生态安全边界，减少人类活动对自然空间的占用，促进人与自然和谐共生。构建以国家公园为主体的自然保护地体系，严格管控自然保护地范围内非生态活动，有效保护全国陆地和海洋重要自然生态系统原真性、完整性和碳汇功能。科学划定生态保护红线，将整合优化后的自然保护地、自然保护地外的生态保护极重要区、具有潜在重要生态价值的战略留白区划入生态保护红线，并纳入国土空间规划"一张图"严格管控，保护好生态系统碳汇功能。面向生态系统碳汇重点领域，强化林草、湿地、自然岸线、重要海洋生态系统、荒漠植被及冰冻圈保护。

（二）强化国土空间用途管制

全面建立并严格实施国土空间用途管控制度，可有效防止生态系统碳库破坏，维护生态系统碳汇功能稳定。要将耕地和永久基本农田、生态保护红线、城镇开发边界三条控制线作为加强生态保护、调整经济结构、规划产业发展、推进城镇化不可逾越的红线。严格保护耕地，坚决制止耕地"非农化"、防止耕地"非粮化"，有效保护农田土壤碳汇功能。严控占用生态空间，严格自然保护地、生态保护红线、自然岸线占用（穿越）条件，严禁擅自改变林地、草地、湿地、河湖、海洋等自然生态空间用途和性质，制定城镇开发边界管制规则并严格控制城镇盲目扩张。

（三）加强自然资源节约集约利用

我国正处于工业化、城镇化深化发展阶段，对各类自然资源的需求还将保持刚性增长。为防止侵占生态空间、破坏生态系统碳库，亟需提高自然资源利用效率和绿色低碳开发水平，减少自然资源不合理利用导致的二氧化碳排放。要把好建设用地审批关，制定自然资源开发利用限制和禁止目录、工业项目建设用地控制指标，严格限制高耗能、高排放、低水平项目用地，对国家淘汰落后产能等禁止用地项目不予办理相关用地手续，编制年度国家级开发区土地集约利用评价通报，制定节地技术和节地模式推荐目录，继续推行建设用地"增存挂钩"制度。加强林草资源可持续利用与经营管理，完善草原承包经营制度，遏制草原超载过牧行为。防止湿地资源过度开发利用。推动木竹产品精深加工。

（四）强化生态系统灾害防治能力

生态系统灾害可能导致生态系统迅速大量释放二氧化碳。要强化灾害防治能力建设，加大重大自然灾害和极端气候事件对生态系统碳汇能力的影响评估、预警预报，对冰冻圈等气候变暖承受力较差的地区开展影响观测和评估。构建森林草原防火灭火一体化体系，加强森林草原火灾预防和应急处置，最大限度降低火灾导致的碳库损失。提升有害生物防治能力，防控外来物种入侵。加强海洋灾害防控，拓展新型生物监测预警。掌握海洋缺氧和酸化分布格局，研究其对碳汇功能的影响。

二、提升生态系统碳汇增量

通过人为正向干预，实施生态系统保护修复重大工程，科学开展大规模国土绿化行动，推进湿地保护修复，加强农田土壤固碳，有效提升生态系统碳汇增量，助力实现碳中和目标。

（一）实施生态保护修复重大工程

面向重要生态系统碳库，在保护巩固的基础上做好修复提升。按照全国重要生态系统保护和修复重大工程总体规划要求，做好青藏高原生态屏障区、黄河重点生态区（含黄土高原生态屏障）、长江重点生态区（含川滇生态屏障）、东北森林带、北方防沙带、南方丘陵山地带、海岸带等重点区域生态保护和修复，加强国家公园等自然保护地及野生动植物保护、生态保护和修复支撑体系重大工程建设，筑牢生态安全屏障，提高生态系统质量和稳定性，稳步增加生态系统碳汇。

[知识链接]

重要生态系统保护和修复工程

《中华人民共和国国民经济和社会发展第十四个五年规划和 2035 年远景目标纲要》及《全国重要生态系统保护和修复重大工程总体规划（2021—2035 年）》对我国生态系统保护和修复工程作出部署。

青藏高原生态屏障区。以三江源、祁连山、若尔盖、阿尔金、藏西北、藏东南、西藏"两江四河"等为重点，加强原生地带性植被、珍稀物种及其栖息地保护，规划到 2025 年，新增沙化土地治理 100 万公顷、沙化土地封禁保护 20 万公顷、退化草原治理 320 万公顷。

黄河重点生态区（含黄土高原生态屏障）。以黄土高原、秦岭、贺兰山、黄河下游等为重点，加强"三化"草场治理和水土流失综合治理，保护修复黄河三角洲等湿地，规划到 2025 年，保护修复林草植被 80 万公顷，新增水土流失治理 200 万公顷、沙化土地治理 80 万公顷。

长江重点生态区（含川滇生态屏障）。以横断山区、长江上中游、大巴山区、武陵山区、三峡库区、鄱阳湖—洞庭湖、大别山—黄山等为重点，开展森林质量精准提升、河湖湿地修复、石漠化综合治理等，加强珍稀濒危野生动植物保护恢复，规划到2025年，完成营造林110万公顷，新增水土流失治理500万公顷、石漠化治理100万公顷。

东北森林带。以大兴安岭、小兴安岭、长白山、三江平原、松嫩平原等为重点，实施天然林保护修复，保护重点沼泽湿地和珍稀候鸟迁徙地，规划到2025年，培育天然林后备资源70万公顷，新增退化草原治理30万公顷。

北方防沙带。以京津冀、内蒙古高原、河西走廊、塔里木河、天山和阿尔泰山等为重点，推进防护林体系建设及退化林修复、退化草原修复、京津风沙源治理等，规划到2025年，完成营造林220万公顷、新增沙化土地治理750万公顷、退化草原治理270万公顷。

南方丘陵山地带。以南岭山地、武夷山区、湘桂岩溶石漠化区等为重点，实施森林质量精准提升行动，推进水土流失和石漠化综合治理，加强河湖生态保护修复，保护濒危物种及其栖息地，规划到2025年，营造防护林9万公顷、新增石漠化治理30万公顷。

海岸带。以黄渤海、长江三角洲、海峡西岸、粤港澳大湾区、北部湾、海南岛等为重点，全面保护自然岸线，规划到2025年，整治修复岸线长度400公里、滨海湿地2万公顷，营造防护林11万公顷。

自然保护地及野生动植物保护。推进三江源、东北虎豹、大熊猫和海南热带雨林等国家公园建设，新整合设立秦岭、黄河口等国家公园。建设珍稀濒危野生动植物基因保存库、救护繁育场所，专项拯救48种极度濒危野生动物和50种极小种群植物。

（二）科学开展大规模国土绿化行动

植被可通过光合作用吸收大气中的二氧化碳，将其转化为有机物储存固定。我国80%以上的陆地生态系统碳汇来源于森林，建设森林碳库是目前较成熟、较经济、副作用较小的增汇手段。

在充分考虑水资源时空分布和承载能力基础上，科学开展大规模国土绿化行动，坚持存量增量并重、数量质量统一，国土绿化任务直达到县、落地上图，切实做到精细化管理。扩大林草资源总量，以宜林荒山荒地荒滩、荒废和受损山体、退化林地草地等为主开展

[知识链接]

我国森林增量位居全球首位

党中央、国务院高度重视森林保护和修复工作，大力推进国土绿化行动，全国森林覆盖率从20世纪80年代的12%增加到2020年的23%，森林面积达2.2亿公顷，森林蓄积量达175.6亿立方米，森林面积和蓄积量连续30年保持"双增长"。目前，我国是全球森林资源增长最多和人工造林面积最大的国家，贡献了全球新增绿化面积的1/4。

国土绿化。加强重点区域绿化，有序推进城乡绿化，开展全民义务植树。加强天然林保护修复，强化天然中幼林抚育，建立健全后期管护制度，开展退化次生林修复。实施森林质量精准提升工程，重点加强东部、南部地区森林提质增效，加大人工纯林改造力度，培育复层异龄混交林，不断优化森林结构、功能、质量。推进退化草原修复，在重度退化草原开展植被重建，提高草原数量和质量，增强草原土壤储碳能力。

（三）推进湿地保护修复

湿地植物、土壤中储存了大量的碳元素，但受气候变暖和人为干扰，湿地碳库可能遭受破坏，由碳汇变为碳源。严格保护湿地生态系统，既可以提升碳汇能力，也可以对一定范围内的小气候形成正向影响。要加强湿地保护，维持天然湿地自然状态，减少人为扰动及湿地占用。修复退化湿地，增加湿地生物多样性。统筹考虑海洋和陆地发展保护需求，综合施策推进滨海湿地保护，在黄渤海、长三角、海峡西岸、粤港澳大湾区、海南岛、北部湾等区域整体推进"蓝色海湾"整治、海岸带保护修复工程，实施红树林保护修复专项行动计划，建设生态海岸带，完善沿海防护林体系，修复受损退化的红树林、盐沼、海草床等生态系统。有效遏制湿地生态退化趋势，稳步提升湿地碳汇增量。

（四）提升农田土壤碳汇能力

农作物可通过光合作用将大气中的二氧化碳转化为有机碳并固定在土壤中，稳定和增加土壤碳库。但在维护不当的情况下，农田中的有机碳将会释放到大气中，并导致土壤肥力下降。要以农田土壤有机质提升为重点，实施国家黑土地保护工程，推广有机肥施用、秸秆科学还田、绿肥种植、粮豆轮作、有机无机肥配施等措施，构建用地养地结合的培肥固碳模式，实现农田土壤碳汇能力和种植适应性的同步提升。实施保护性耕作，因地制宜推广秸秆覆盖还田、免（少）耕播种技术，有效减轻土壤风蚀水蚀，增加土壤有机质。推进退化耕地治理，重点加强土壤酸化、盐碱化治理，消除土壤障碍因素，提高土壤肥力，提升固碳潜力。

三、加强生态系统碳汇基础支撑

巩固提升生态系统碳汇能力需进一步夯实工作基础，完善调查监测体系，建立健全体现碳汇价值的生态保护补偿机制，加强碳汇基础理论研究和科普宣传。

（一）完善自然资源调查监测体系

依托和拓展自然资源调查监测体系，利用好国家林草生态综合监测评价成果，建立生态系统碳汇监测核算体系，开展森林、草原、湿地、海洋、土壤、冻土、岩溶等碳汇本底调查、碳储量评估、潜

[知识链接]

国际通用碳汇核算方法

一段时间内，某一生态系统从大气中移除二氧化碳的量大于排放量，就说明该生态系统具有碳汇能力。

《联合国气候变化框架公约》仅将具有科学共识和核算基础的森林、草原、湿地（包括滨海湿地中的红树林、海草床和盐沼）、农田等4类生态系统碳汇纳入履约范畴。各国编制国家温室气体清单时，主要评估在人工造林、森林抚育、退化林修复、灾害防控等人为活动影响下，森林、草原、湿地、农田的碳储量[①]变化，换算成二氧化碳当量即为碳汇量。

力分析，监测评估生态保护修复碳汇成效。构建监测监管信息化平台，依托自然资源"一张图"和国土空间信息平台、国家生态保护红线监管平台，构建国家地方互联互通的重要生态系统保护和修复重大工程监测监管平台，提高工程实施、动态监管、绩效评估的信息化管理能力和水平。

（二）建立健全能够体现碳汇价值的生态保护补偿机制

完善重点生态功能区、重要水系源头地区、自然保护地转移支付制度，鼓励受益地区和保护地区、流域上下游通过资金补偿、产业扶持等多种形式开展横向生态保护补偿。激励社会投资主体从事生态保护修复。健全自然资源有偿使用制度，建立政府公示自然资源价格体系，进一步完善自然资源及其产品价格形成机制。探索将生态保护和修复纳入金融系统重点支持的领域。探索通过市场化手段促使社会主体自觉承担起维护和提升生态系统质量和稳定性的责任。探索研究森林、草原、湿地等生态修复工程通过温室气体自愿

[①] 碳储量指生态系统中碳元素的储存量，以吨为单位。

减排项目参与碳排放交易的有效途径。

（三）加强碳汇基础理论研究和科普宣传

全面深化各类型生态系统碳汇基础理论研究，更好支撑国际谈判和国家温室气体清单编制等工作。深入探索海洋、岩溶等碳汇机制，探索人为活动对碳汇的影响方式和关键因素。加大科普和宣传力度，引导相关行业、企业和社会公众正确认识碳汇等基本概念和相关知识。

第九讲
加快绿色低碳科技创新

推进碳达峰碳中和，科技创新是关键支撑。必须强化基础研究和前沿技术布局，狠抓绿色低碳科技攻关，加快先进适用技术研发和推广应用，培育国际竞争新优势，支撑 2030 年前实现碳达峰，为 2060 年前实现碳中和提供技术储备。

一、加快先进适用技术研发和推广应用

推进碳达峰碳中和先进适用技术研发和推广应用，围绕能源、工业、建筑交通、生态系统固碳增汇等重点领域，加快共性关键技术研发，推动研发成果产业化、规模化、低成本应用。

（一）能源领域

聚焦国家能源发展战略任务，立足以煤为主的资源禀赋，提升新能源开发消纳水平，保障国家能源安全并降低碳排放，是我国低碳科技创新的重中之重。

传统能源领域。加强煤炭先进高效低碳灵活智能利用的基础性、原创性、颠覆性技术研究。实现工业清洁高效用煤和煤炭清洁转化，攻克近零排放的煤制清洁燃料和化学品技术。推动深层页岩气、海相非常规天然气、页岩油勘探开发技术攻关，研发百万吨级二氧化碳捕集利用与封存成套工艺和关键技术。研制重型燃气轮机和高效燃气发动机等关键装备。

新能源领域。聚焦可再生能源高比例大规模开发利用，研发和推广更高效、更经济、更可靠的太阳能、风能、生物质能、地热能、海洋能等可再生能源发电及综合利用技术。研发高效硅基光伏电池、高效稳定钙钛矿电池等技术，开发光热发电与其他新能源互补集成系统，突破800℃高温吸热传热储热关键材料与装备。研发百米级以上碳纤维风机叶片、超大型海上风电机组整机设计制造与安装试验技术、抗台风型海上漂浮式风电机组、漂浮式光伏系统。推动生物航空煤油、生物柴油、纤维素乙醇、生物天然气、生物质热解等生物燃料制备技术研发。研究与生物质结合的负碳技术。

氢能领域。发挥氢能在能源绿色低碳转型中的重要作用，研发可再生能源高效低成本制氢技术，推进质子交换膜燃料电池技术创新，突破超高压压缩气氢、低温液氢、管道掺氢、车载运氢、氢气加注、储氢材料及氢能相关特种设备等氢能基础设施环节关键核心技术。支持开展氢燃料燃气轮机技术研发。加大制、储、输、用氢全链条安全技术开发应用。

智能电网领域。以数字化、智能化带动能源结构转型升级，研发大规模可再生能源并网及电网安全高效运行技术。重点研发高精度可再生能源发电功率预测、可再生能源电力并网主动支撑、煤电与大规模新能源发电协同规划与综合调节、柔性直流输电、低惯量电网运行与控制等技术。研发压缩空气储能、飞轮储能、液态和固态锂离子电池储能、钠离子电池储能、液流电池储能等高效储能技术。研发梯级电站大型储能应用技术及储能安全技术。

节能增效领域。在能源开采、加工转换、运输和使用过程中，以电力输配和工业、交通、建筑等终端用能环节为重点，研发和推广基于先进功率半导体材料与器件的高效电能转换及能效提升技术。发展数据中心节能降耗技术，以电机、风机、泵、压缩机、变压器、换热器、工业锅炉等设备为重点，研发推广更高能效的通用用能设备。

（二）工业领域

针对钢铁、建材、化工、有色金属等高排放工业行业绿色低碳发展需求，加大原料燃料替代、短流程制造和低碳技术集成耦合等关键技术研发力度，引导高碳工业流程的零碳低碳再造和数字化转型。

钢铁行业。加快推进低碳冶炼技术研发应用，研发绿电电沉积—绿电电炉炼钢技术、全废钢电炉流程集成优化技术、富氢气体及氢气直接还原技术。推进钢—化一体化联产，研发高品质生态钢铁材料制备技术。

建材行业。研发低钙高胶凝性水泥熟料技术、水泥窑燃料替代技术、少熟料水泥生产技术及水泥窑富氧燃烧关键技术等。突破玻璃熔窑窑外预热、窑炉氢能煅烧等技术。

化工行业。针对石油化工、煤化工等高碳排放化工生产流程，研发原油炼制短流程技术、多能耦合过程技术，研发绿色生物化学技术以及智能化低碳升级改造技术。推广应用原油直接裂解制乙烯技术，合成气一步法制烯烃、乙醇技术。

有色金属行业。研发新型连续阳极电解槽、惰性阳极铝电解新技术、输出端节能等余热利用技术、金属和合金再生料高效提纯及保级利用技术、连续铜冶炼技术、生物冶金和湿法冶金新流程技术。突破冶炼余热回收、氨法炼锌、海绵钛颠覆性制备等技术。

资源循环利用与再制造。研发废旧物资高质循环利用、含碳废物高附加值材料化和能源化利用、废物协同处理、生产生活系统循环链接、重型装备智能再制造等技术。

（三）建筑交通领域

围绕建筑领域和交通领域绿色低碳转型目标，以脱碳减排和节能增效为重点，大力推进低碳零碳技术研发与示范应用。

建筑领域。开发光储直柔供配电关键技术装备、建筑光伏一体化技术、区域—建筑能源系统源网荷储用技术及装备。面向不同类型建筑用能需求，研发蒸汽、生活热水、炊事高效电气化替代技术装备，夏热冬冷地区新型高效分布式供暖制冷技术装备，以及建筑环境零碳控制系统，扩大新能源在建筑领域使用。在建筑用能热电协同方面，研究推广新能源、火电与工业余热互联及长距离集中供热技术。充分利用沿海核电余热，研发水热同产、水热同供和跨季节水热同储新技术。在低碳建筑材料与规划设计方面，研发天然固碳建材和竹木、高性能建筑用钢、纤维复合材料、气凝胶等新型建筑材料与结构体系，长寿命高效保温结构，建材循环利用技术装备，以及新建建筑低能耗运行技术和既有建筑低碳改造成套技术。

交通领域。突破化石能源驱动载运装备降碳技术，研发高性能的电动、氢能等低碳能源驱动载运装备技术，突破重型陆路载运装备混合动力技术、水运载运装备清洁能源动力技术、航空器非碳基能源动力技术、高效牵引变流及电控系统技术。研发交通能源自洽及多能变换、交通自洽能源系统高效能与高弹性等技术，研发推广新能源汽车性能监控与保障技术、基础设施分布式光伏发电设备及并网技术。研究民航、水运、道路和轨道交通系统绿色化、数字化、智能化等技术，建设绿色智慧交通体系。研究应用于船舶等移动源的碳捕集利用与封存技术。

（四）生态系统固碳增汇领域

开发森林、草原、湿地、土壤、冻土、岩溶等陆地生态系统和红树林、海草床及盐沼等海洋生态系统固碳增汇技术，评估现有自然碳汇能力和人工干预增强碳汇潜力。加大对生物炭改良土壤固碳、秸秆可控腐熟快速还田、生物固氮增汇肥料、黑土固碳增汇等技术研发力度，探索生态系统可持续经营管理模式。研究盐藻／蓝藻固碳增强技术、海洋微生物碳泵增汇技术、岩溶区外援水调控增汇技术和水生生物固碳技术。

（五）非二氧化碳温室气体控排领域

加强甲烷、氧化亚氮等非二氧化碳温室气体排放监测与核算技术研发。研发煤矿乏风瓦斯蓄热及分布式热电联供、甲烷重整及制氢等能源及废弃物领域甲烷回收利用技术，研发氧化亚氮热破坏等工业氧化亚氮及含氟气体的替代、减量和回收技术，研发反刍动物低甲烷排放调控技术等农业非二氧化碳温室气体减排技术。

二、推动前沿技术创新

推进碳达峰碳中和，必须加大前瞻性、先导性技术研发力度，提前布局新型高效光伏电池、新型核能发电、新型氢能、前沿储能、电力多元高效转换、二氧化碳高值化利用、大气二氧化碳直接捕集、二氧化碳矿化封存等前沿技术研发。

新型高效光伏电池技术。深入探索光电转换原理，突破单结光伏电池理论效率极限。研发高效异质结、钙钛矿、薄膜电池、叠层电池等基于新材料和新结构的新型光伏电池技术。

新型核能发电技术。研发具有高安全性的多用途小型模块式反应堆、快堆和超高温气冷堆等技术。研究四代堆、核聚变反应堆等新型核能发电技术，以及核废料再生资源化利用技术。

新型氢能技术。推进固体氧化物电解池制氢、光解水制氢、海水制氢、核能高温制氢等技术研发，发展高温固体氧化物、高温熔融碳酸盐燃料电池等技术。

前沿储能技术。研究固态锂离子、钠离子电池等更低成本、更安全、更长寿命、更高能量效率、不受资源约束的前沿储能技术。

电力多元高效转换技术。研究将电能转换为热能、光能，以及利用电力合成燃料和化学品等技术，实现可再生能源电力的高效转化存储和多元化利用。

二氧化碳高值化利用技术。研究基于生物制造的二氧化碳转化技术，构建光酶与电酶协同催化、细菌/酶和无机/有机材料复合体系二氧化碳转化系统，制备淀粉、乳酸等化学品。研究以水、二氧化碳和氮气等为原料直接高效制备甲醇等绿色可再生燃料技术。

大气二氧化碳直接捕集技术。开展大气二氧化碳直接捕集技术理论创新，研发高效、低成本的直接捕集技术。

二氧化碳矿化封存技术。开展二氧化碳矿化封存机理研究，探索加速矿化新工艺。

三、推进基础研究

围绕碳达峰碳中和，强化气候变化成因与影响、碳循环与生态系统碳汇、二氧化碳地质封存机理等方面基础研究，夯实碳达峰碳中和科技根基。

（一）气候变化成因与影响研究

在气候诊断与气候预测领域，主要就气候变率的规律和成因、气候预测理论和预测方法、极端气候事件的成因分析及预测方法等开展研究。在气候系统模式领域，着重研究气候系统的物理—化学—生物过程、大气—海洋—陆面资料的同化技术、气候模式预测及其检验方法、气候变率与气候变化模拟及可预报性研究等。在气候变化领域，开展历史气候变化情景重建、气候变化监测及成因判别、气候变化影响评估、气候变化情景预判、气候变化适应和减缓对策等相关研究。

（二）碳循环与生态系统碳汇研究

碳循环是指碳元素在地球生物圈、岩石圈、水圈及大气圈中交换并随地球运动循环的现象，主要研究内容包括碳循环机理与路径、碳循环模型构建等。生态系统碳汇领域主要研究内容包括陆地和海洋生态系统固碳机理及驱动机制、碳汇监测计量核算、固碳增汇技术等。

（三）二氧化碳地质封存机理研究

二氧化碳地质封存一般是指将超临界状态（气液混合态）的二氧化碳注入油田、气田、咸水层、不可开采煤矿等深层地质结构中进行封存的过程。研究重点包括二氧化碳地质封存机理及泄漏监测、二氧化碳迁移转化和地质储存的数值模拟、储层矿物固碳机理、二氧化碳水—岩—微生物循环作用机理、二氧化碳地质封存潜力评价方法等。

四、强化科技创新保障

坚持目标导向和问题导向，加强政策引导，发挥企业创新主体作用，推进创新项目、基地和人才协同增效，深化国际合作，为碳达峰碳中和科技创新提供保障。

（一）加强政策引导

组织实施科技支撑碳达峰碳中和实施方案，编制技术发展路线图。健全政府支持的绿色低碳科技研发项目立项、验收、评价机制，改革科研绩效评价机制，完善绿色低碳技术评价标准，重点考核技术的实际效果、成熟度与示范推广价值。创新财政政策工具，推动产业基金、银行贷款、专项债券、天使投资等在绿色低碳科技创新成果转化中发挥更大作用。制定发布绿色产业指导目录、绿色技术推广目录、高碳技术与装备淘汰目录，推动各行业技术装备升级。

加强科技成果转化服务体系建设，结合国家绿色技术交易中心等平台网络，综合提升技术成果转化能力。

（二）发挥企业创新主体作用

开展绿色技术创新企业认定，实施绿色技术创新"十百千"行动，积极推进支持"十百千"企业承担国家和地方部署的重点绿色技术创新项目，鼓励设施、数据等资源开放共享。鼓励龙头企业与高等学校、科研单位共建一批国家绿色低碳产业创新中心，推动绿色低碳基础研究、应用研究与技术创新对接融通。依托国家高新区，打造科技企业聚集区，推动绿色低碳产业集群化发展。完善科技企业孵化服务体系，优化碳达峰碳中和领域创新创业生态。提升绿色低碳技术知识产权服务能力，建立低碳技术验证服务平台。

（三）推进创新项目、基地和人才协同增效

加强国家科技计划在低碳科技创新方面的系统部署，推动国家绿色低碳创新基地建设和人才培养，加强项目、基地、人才协同，推动组建碳达峰碳中和产教融合发展联盟，建设一批国家储能技术产教融合创新平台，推进低碳技术开源体系建设。持续加强碳达峰碳中和领域国家实验室、全国重点实验室和国家技术创新中心总体布局，适度超前布局国家重大科技基础设施。培育壮大碳达峰碳中和领域战略科学家、科技领军人才和创新团队、青年人才和创新创业人才队伍。

（四）深化国际合作

深度参与国际热核聚变实验堆计划等重大科学工程，拓展与有

关国家、组织和机构的绿色低碳创新合作。组织实施国际科技创新合作计划，支持建设区域性低碳国际组织和绿色低碳技术国际合作平台。充分参与清洁能源多边机制，在"一带一路"科技创新行动计划框架下，深度开展碳达峰碳中和技术研发与示范国际合作。

第十讲
绿色低碳经济政策

    二氧化碳排放具有典型的负外部性[①]特征。实现碳达峰碳中和，需进一步完善财税、价格、金融、贸易等政策和市场化机制，推动碳排放外部成本内部化，激励和引导各类主体参与碳减排，构建有利于碳达峰碳中和的政策机制。

一、财税政策

    财政税收政策是重要的宏观调控手段，在促进经济社会发展全面绿色转型中具有独特的导向作用。构建有利于绿色低碳发展的财税政策体系，强化财政资金支持引导作用，发挥税收政策激励约束作用，可激发企业的内生动力，发挥好企业的积极性、主动性和创造性，促进经济社会发展全面绿色转型。

---

    ①   负外部性是指生产或消费活动给其他人造成损失而其他人却不能得到补偿的情况。

（一）加大财政资金支持力度

加强财政资源统筹，优化财政支出结构，加强财政支持政策与碳达峰碳中和顶层设计的衔接，加大力度支持能源绿色低碳发展、产业绿色低碳转型、绿色技术研发推广、绿色低碳生活创建、资源节约循环利用、碳汇能力巩固提升等工作。紧紧围绕党中央、国务院关于碳达峰碳中和工作部署确定财政资金安排方向，强化对重点行业领域的保障力度，提高资金政策的精准性。充分发挥中央财政资金的引导作用，在分配中央转移支付资金时，对推进"双碳"工作成效突出的地区予以奖励。落实中央与地方财政事权和支出责任划分改革举措，鼓励地方各级财政部门制定和实施既符合自身实际又满足总体要求的财政支持政策，切实提升财政政策效能。

（二）健全市场化多元化投入机制

研究设立国家低碳转型基金，支持传统产业和资源富集地区绿色转型。充分发挥国家绿色发展基金等现有政府投资基金的引导作用，鼓励社会资本以市场化方式设立绿色低碳产业投资基金。将符合条件的绿色低碳发展项目纳入政府债券支持范围。采取多种方式支持生态环境领域政府和社会资本合作（PPP）项目，规范地方政府履约行为，引导社会资本参与项目投资建设运营，补齐政府资金短板。优化国有资本增量投向，加大绿色低碳投资，推动国有资本增量向绿色低碳和前瞻性战略性新兴产业集中。

（三）发挥税收政策激励约束作用

充分发挥税收优惠政策正向作用，落实新能源汽车车辆购置税和车船税优惠、节能节水和环境保护专用设备企业所得税优惠、资源综合利用增值税和企业所得税优惠、合同能源管理项目增值税和企业所得税"三免三减半"、风力发电增值税即征即退、核力发电增值税先征后返等税收优惠政策。严格执行化石能源资源税从价计征、成品油消费税从量定额征收等征税安排，体现引导合理消费的政策导向。研究支持碳减排相关税收政策，更好发挥税收对市场主体绿色低碳发展的促进作用。按照加快推进绿色低碳发展和持续改善环境质量的要求，优化关税结构。

（四）完善政府绿色采购政策

建立健全绿色低碳产品的政府采购需求标准，在政府采购文件中明确绿色低碳要求，加大绿色低碳产品采购力度，充分发挥政府绿色采购风向标作用，引导企业"向绿而行"。大力推广应用装配式建筑和绿色建材，促进政府采购工程建筑品质提升。加大新能源汽车和公务用船政府采购力度，除特殊地理环境等因素外，政府部门机要通信等公务用车原则上均采购新能源汽车，采购汽车租赁服务时应优先选用新能源车辆，公务用船也需优先采购新能源、清洁能源船舶。

二、价格政策

价格政策是宏观经济调控政策的有机组成部分，是充分发挥市场配置资源决定性作用的前提。完善资源环境价格机制，运用价格杠杆引导市场主体和全社会行为，将碳减排等生态环境外部成本内部化，是优化资源配置、促进全社会节约、推动形成绿色生产生活方式的有效手段。

（一）促进可再生能源规模化发展的价格机制

平稳实施新能源平价上网政策，创新抽水蓄能价格形成机制，促进可再生能源产业健康有序发展。

平稳实施新能源平价上网政策。考虑到光伏发电、风电开始进入平价上网阶段，2021年、2022年连续两年，明确新备案集中式光伏电站、工商业分布式光伏项目和新核准陆上风电项目上网电价原则上按照当地燃煤发电基准价执行，也可通过自愿参与市场化交易形成上网电价，更好体现绿色电力价值，充分保障新建新能源项目合理效益，稳定行业预期，有效调动各方面投资建设新能源的积极性，促进新能源行业加快发展。

健全抽水蓄能价格形成机制。立足抽水蓄能作为电力系统主要调节电源功能定位，坚持和完善"电量电价＋容量电价"两部制电价政策。其中，电量电价以竞争性方式形成；容量电价由政府核定，纳入输配电价回收，容量电费由电网企业支付；逐步推动抽水蓄能电站参与电力市场，通过市场形成电量电价、回收容量成本，以充分发挥抽水蓄能电站调节作用，为新能源加快发展、有效消纳提供有力支撑。

[知识链接]

抽水蓄能价格形成机制

在国家"双碳"战略大背景下，风能、太阳能等绿色低碳能源大规模应用成为能源发展主旋律。但由于风、光具有较强的随机性、间歇性和波动性，需要"充电宝"配合才能保障电网安全稳定运行。抽水蓄能电站就是"用水做成的巨型充电宝"，不仅于抽放水之间熨平了风、光波动，还可以为电力系统提供多种辅助服务，有助于保障电网稳定运行、促进新能源大规模消纳。

与传统电站不同，抽水蓄能电站既可以为电力系统提供调峰服务，又可以为电网提供调频、调压、系统备用和黑启动等辅助服务。传统的单一电量电价、容量电价方式，均无法全面反映抽水蓄能电站的价值。2021年，我国出台《关于进一步完善抽水蓄能价格形成机制的意见》，坚持以抽水蓄能两部制电价政策为主体，有效提升了抽水蓄能价格形成机制的科学性、可操作性和有效性，解决了长期以来影响抽水蓄能行业发展的"电价如何形成""电费如何疏导"问题。

"电价如何形成"。抽水蓄能两部制电价包括电量电价和容量电价两部分。其中，抽水蓄能电站提供调峰服务的价值由电量电价体现，以市场竞争方式形成，抽水电量不执行输配电价、不承担政府性基金及附加，上网电量按燃煤发电基准价执行；提供调频、调压、系统备用和黑启动等辅助服务的价值由容量电价体现，以政府规定的核价办法形成，但核价参数对标行业先进水平合理核定，随省级电网输配电价监管周期同步调整。

"电费如何疏导"。抽水蓄能容量电价对应的容量电费由电网企业支付，纳入省级电网输配电价回收。抽水蓄能电站执行抽水电价、上网电价形成的收益，以及参与辅助服务市场或辅助服务补偿机制，在上一监管周期内形成的相应收益，20%由抽水蓄能电站分享，80%在下一监管周期核定电站容量电价时相应扣减。

抽水蓄能两部制电价政策让市场投资主体吃下了"定心丸"，将为促进抽水蓄能电站加快发展、助力实现"双碳"目标发挥重要支撑作用。

（二）促进节能减排的价格政策

充分发挥电价政策的杠杆作用，推动高耗能行业节能减排、淘汰落后，引导电力资源优化配置，促进产业结构、能源结构优化升级。

一是实施差别化电价政策。强化与碳达峰碳中和目标协同，建立健全差别性电价政策。全面清理取消对高耗能行业的优待类电价以及其他各种不合理的价格优惠政策。基于产业结构调整指导目录，对纳入淘汰类、限制类目录的电解铝、铁合金、电石、烧碱、水泥、钢铁、黄磷、锌冶炼等行业执行差别电价；基于企业能效水平，对电解铝、钢铁、水泥等行业执行阶梯电价；基于能耗限额标准达标情况，由各地组织执行惩罚性电价政策。后续将进一步统筹整合现行差别化电价政策，推动建立统一的高耗能行业阶梯电价制度，对能效未达到基准水平的存量企业和能效未达到标杆水平的在建、拟建项目，依据能效水平差距实行阶梯电价。

二是健全分时电价政策。适应"双碳"背景下新能源大规模发展、电网运行特征转变等新形势新要求，在保持销售电价总水平基本稳定的基础上，进一步完善分时电价机制，支撑电力系统安全稳定经济运行。指导各地科学划分峰谷时段，合理设定峰谷电价价差，并结合实际推行尖峰电价机制和季节性电价机制，运用价格信号引导用户削峰填谷。强化分时电价机制执行，推动将执行范围扩大到除国家有专门规定的电气化铁路牵引用电外的执行工商业电价的电力用户。鼓励工商业用户通过配置储能、开展综合能源利用等方式改变用电时段、降低用电成本。

三是深化燃煤发电上网电价市场化改革。有序放开全部燃煤发电电量上网电价，燃煤发电电量原则上全部进入电力市场，通过市场交易在"基准价＋上下浮动"范围内形成上网电价。将燃煤发电市场交易价格浮动范围由原来的上浮不超过10%、下浮原则上不超过15%，扩大为上下浮动原则上均不超过20%，让电价更灵活反映电力供需形势和成本变化。高耗能企业市场交易电价不受上浮20%的限制，倒逼高耗能企业节能降耗，提高能源利用效率。

四是有序推动工商业用户全部进入市场。完善主要由市场决定电价的机制，引导用户合理用电。取消工商业目录销售电价，目录销售电价仅保留居民、农业类别，推动工商业用户全面进入市场，基本实现用电侧价格"能放尽放"。建立电网企业代理购电机制，尚未具备条件的工商业用户由电网企业通过市场化方式代理购电。

（三）供热计量收费政策

以节能降碳为目标，推进多用热多交钱、少用热少交钱，促进消费端节约和供给端降损。推动采暖地区供热计费方式改革，按照技术可行、操作方便、群众可接受的原则确定具体计费方式。严格落实新建建筑供热计量装置安装要求，推动将供热计量作为公共建筑节能改造的重点内容之一，鼓励有条件的地区安装分户供热计量装置，逐步施行"基本热价＋计量热价"的两部制供热价格。制定供热计量实施细则和材料设备技术要求，建立健全供热计量设计、施工质量、验收、供热计量器具维护管理等技术标准体系，完善供热计量全流程监管机制。

三、金融政策

实现碳达峰碳中和，投融资需求达百万亿级。要大力发展绿色金融，构建绿色金融标准体系，创新金融工具和服务手段，充分动员各类社会资本投入绿色低碳发展，助力实现碳达峰碳中和。

（一）绿色信贷

绿色信贷是我国绿色金融发展中起步最早、发展最快、政策体系最为成熟的产品，截至 2021 年底本外币绿色贷款余额达 15.9 万亿元，同比增长 33%，存量规模居全球第一。国内 21 家主要银行绿色信贷余额达 15.1 万亿元，占其各项贷款的 10.6%。鼓励金融机构按照绿色金融相关制度、政策、规则和标准，加大对能源、工业、交通、建筑等领域绿色发展和低碳转型的支持力度，严格控制高耗能行业中低水平项目的信贷规模。全面开展银行业金融机构绿色金融评价，引导金融机构有序增加绿色资产配置。引导金融机构在依法合规、安全可控和商业可持续的前提下，推动绿色金融流程、产品和服务创新，积极探索采取市场化方式为境内主体境外融资提供增信服务，降低海外金融活动风险。

（二）绿色债券

绿色债券是针对有环境效益的绿色项目提供债务融资的一种工具，对于拓宽项目融资渠道、降低企业融资成本具有重要作用。要坚持在依法合规、风险可控前提下，研究推进绿色资产证券化产品、绿色资产管理产品等发展。支持符合条件的企业、金融机构发行绿色债券，实现国内绿色债券认证标准的统一。鼓励境外机构发行绿色熊猫债，投资境内绿色债券。2021 年，我国境内绿色债券发行量超 6040 亿元，同比增长 180%，年末余额达 1.1 万亿元，其中共发行 1807 亿元绿色债券专项用于具有碳减排效益的绿色项目。

（三）绿色保险

绿色保险是在市场经济条件下进行环境风险管理的重要手段。我国绿色保险起步相对较晚，需进一步加快推进产品和服务创新，完善气候变化相关重大风险的制度机制建设，提升对绿色经济活动的风险保障能力。积极发挥保险资金长期投资特点，拓展保险资金运用范围，推动保险资金投资向绿色产业和绿色项目倾斜，支持新能源发展、化石能源转型、老旧建筑绿色低碳改造、高碳企业节能减排等项目建设。鼓励保险机构探索研究建立企业碳排放水平与保险定价关联机制，综合风险因素实施差别化保险费率。截至 2021 年底，保险资金投向碳达峰碳中和与绿色发展相关产业账面余额超过 1 万亿元。

（四）货币政策

为支持碳达峰碳中和，我国先后推出碳减排支持工具、煤炭清洁高效利用专项再贷款等政策工具，充分发挥货币政策引导作用，助力能源安全保供和绿色低碳转型。

碳减排支持工具。碳减排支持工具是我国创设推出的结构性货币政策工具，主要采取"先贷后借"的直达机制向金融机构提供低成本资金，引导金融机构向清洁能源、节能环保、碳减排技术等3个重点领域发放碳减排贷款。在实际操作中，金融机构可在发放碳减排贷款后，向人民银行申请资金支持，人民银行按贷款本金的60%向金融机构发放资金。金融机构需公开披露碳减排贷款发放情况及带动碳减排数量等信息，并由第三方专业机构进行核实验证，接受社会公众监督。截至2022年5月底，我国累计通过碳减排支持工具发放政策资金1826.8亿元。

煤炭清洁高效利用专项再贷款。立足以煤为主的基本国情，我国设立了3000亿元支持煤炭清洁高效利用专项再贷款，支持煤炭安全高效绿色智能开采、煤炭清洁高效加工、煤电清洁高效利用、工业清洁燃烧和清洁供热、民用清洁采暖、煤炭资源综合利用、煤层气开发利用、煤炭安全生产和储备、煤电企业电煤保供等。全国性银行向支持范围内符合标准的项目自主发放优惠贷款后，由人民银行按贷款本金等额提供再贷款支持，通过"先贷后借"模式，保障资金使用精准性和直达性。截至2022年5月底，我国累计通过煤炭清洁高效利用专项再贷款发放政策资金近281.3亿元。

四、贸易政策

贸易联通国内和国际，贯穿生产和消费两端，关系产业发展和技术进步。加快构建绿色贸易体系，转变贸易发展方式，是实现经济社会发展全面绿色转型的必然要求，也是重塑国际竞争新优势的必然选择。

（一）构建绿色贸易体系

坚持走生态优先、绿色低碳的贸易发展道路，建立促进绿色贸易发展的政策体系。健全绿色低碳贸易标准和认证体系，推动国内国际绿色低碳贸易规则、机制对接。研究制定绿色低碳产品进出口货物目录，大力发展高质量、高技术、高附加值产品贸易，优化生产设备装备、日常消费产品贸易结构，扩大绿色低碳相关技术和服务进出口。加大对绿色低碳贸易主体的支持培育力度，加强经验复制推广。支持外贸转型升级基地、进口贸易促进创新示范区、加工贸易产业园、国家级经济技术开发区等开放平台绿色转型，进一步发挥中国国际进口博览会、中国进出口商品交易会、中国国际服务贸易交易会等重要展会绿色低碳示范引领作用，打造高水平、高标准、高层次的绿色贸易促进平台。

（二）降低出口产品单位能耗和碳排放

作为制造业大国和全球第一大货物贸易国，我国已形成运用全球资源生产加工产品并大量出口的贸易格局，生产加工这些产品增加了我国二氧化碳的排放。实现贸易绿色低碳转型，需进一步优化贸易结构，减少高耗能、高排放、低附加值产品，特别是初级原材料产品的直接出口，降低出口产品单位能耗和碳排放。要持续完善贸易政策，落实好对高耗能、高污染和资源性产品不予退税、其他产品按适用税率退税的整体部署，适度扩大基础原材料和工业初级品进口规模。推进石化、化工、有色金属、钢铁、建材等行业结构升级和能效提升，通过自主创新、外部引进、技术外溢等渠道推动传统制造业产品高端化绿色化发展，打造新的竞争优势。

（三）妥善应对绿色贸易壁垒

欧盟以避免所谓的"碳泄漏"为由，强力推动出台碳边境调节机制，意图抢抓气候贸易规则制定话语权。欧盟碳边境调节机制涉嫌违反《联合国气候变化框架公约》共同但有区别的责任原则，与世界贸易组织（WTO）相关规则兼容性仍存争议。同时，不排除其他国家出台类似气候贸易措施，甚至演变为新的绿色贸易壁垒的可能。妥善应对绿色贸易壁垒，需因势利导，加快调整产业结构，构建绿色低碳循环发展经济体系，着力推动受碳边境调节机制影响较大行业的技术革新，鼓励短流程、再生工艺产能发展，积极实施可再生能源替代，争取实现低碳生产技术跃升，提高竞争优势。探索建立出口产品全生命周期碳足迹追踪体系，明晰碳减排关键环节，合理推进全产业链降碳。完善全国碳排放权交易机制，立足国情实际，考虑与国际主流碳排放权交易市场衔接。积极参与碳关税国际协调和规则制定，破解绿色贸易壁垒。

[知识链接]

欧盟碳边境调节机制

碳边境调节机制（Carbon Border Adjustment Mechanism，简称 CBAM）是一种气候贸易措施，具体表现形式为碳减排政策较为严格的国家在进口商品时，对其征收与本国同类型产品碳排放成本相当的税费。欧盟表示，CBAM 的提出是为了防止"碳泄漏"，即生产企业为了规避所在国家或地区的减排压力，将高碳排放高污染的生产活动迁移至碳排放政策相对宽松的国家或地区。实施 CBAM 可以有效避免产业外流，同时提高本地企业竞争力。

为实现《欧洲绿色协议》"到 2030 年将碳排放量削减至 1990 年水平的 55%"的减排目标，欧洲议会于2021 年 3 月通过设立 CBAM 的决议，欧盟成为全球首个明确提出设立 CBAM 的经济体。2021 年 7 月，欧盟委员会正式提交 CBAM 立法草案，拟设立为期 3 年的过渡期，自 2026 年起正式对水泥、钢铁、电力、铝和化肥等五大行业进口产品征收碳关税，进口商品已在原产国支付碳排放成本的可适用税额抵免，避免双重征收。2022 年 3 月，欧盟理事会审议通过了 CBAM 草案立场文件，核心内容与欧盟委员会立法草案保持一致，并建议对报关单低于 150 欧元的货品免于收取碳关税。2022年 6 月，欧洲议会表决通过关于设立 CBAM 草案的修正案，建议将过渡期延长一年，增加有机化学品、塑料、氢和氨等4类产品，并计划在2030年前将实施范围拓展至欧盟碳排放交易体系覆盖的所有行业，产品生产过程中的间接排放也将纳入征税范围。根据欧盟立法程序，CBAM立法将进入欧盟委员会、欧盟理事会、欧洲议会三方会谈阶段。

五、碳排放权交易

碳排放权交易是运用市场化手段促进碳减排的一种政策机制。我国以发电行业为突破口，已初步建立起全国碳排放权交易市场，完成了第一个履约周期。下一步，要持续完善相关法规政策体系，逐步扩大交易范围和主体数量，稳妥有序推进全国统一的碳排放权交易市场建设，并纳入全国统一公共资源交易平台。

（一）开展碳排放权交易试点

2011年以来，我国先后批准在北京市、天津市、上海市、重庆市、广东省、湖北省、深圳市开展碳排放权交易试点工作，覆盖了电力、钢铁、水泥等重点排放行业，采取了历史法、基准线法等多种配额分配方法，探索了有偿分配等机制创新，基本形成了要素完善、特点突出、初具规模的地方碳市场。截至2021年底，7个试点碳市场的累计成交量为5.1亿吨二氧化碳当量，累计成交额126.5亿元。地方试点为全国碳排放权交易市场建设探索了制度、锻炼了人才、积累了经验、奠定了基础。

[知识链接]

地方碳排放权交易试点概况

试点地区	覆盖范围	配额分配方式
北京	电力、热力、水泥、石化等工业行业，餐饮住宿、交通运输、信息服务等服务行业，高校、医院、政府机关等公共机构	免费
天津	电力、热力、钢铁、石化、化工、油气、建材、造纸、航空等	免费+有偿
上海	钢铁、石化、化工、有色金属、电力、建材、纺织、造纸、橡胶、化纤、航空、港口、机场、铁路、商业、宾馆、金融、汽车、电子、医药、设备制造等	免费+有偿
重庆	电力、化工、建材、钢铁、有色金属、造纸	免费
广东	电力、钢铁、石化、水泥、航空、造纸	免费+有偿
湖北	电力、热力、建材、水泥、陶瓷制造、纺织、汽车制造、化工、设备制造、有色金属、钢铁、食品饮料、石化、医药、水的生产和供应、造纸等	免费+有偿
深圳	制造业、电力、水务、燃气、公共交通、机场、码头等	免费+有偿

（二）全国碳排放权交易市场启动

在试点基础上，全国碳排放权交易市场建设持续推进。根据全国碳排放权交易市场建设方案，出台了碳排放权交易管理办法，印发了第一个履约周期配额分配方案，发布了企业温室气体排放核算报告、核查技术规范和碳排放权登记、交易、结算三项管理规则，明确了数据质量监督管理要求，初步构建起全国碳排放权交易制度体系。目前，全国碳排放权交易市场仅覆盖了发电行业。2021 年 7 月 16 日，全国碳排放权交易市场正式上线交易，第一个履约周期共纳入发电企业 2162 家，年覆盖二氧化碳排放量约 45 亿吨。截至 2021 年底，全国碳排放权交易市场累计成交量近 1.8 亿吨二氧化碳当量，累计成交额 76.6 亿元，配额履约率 99.5%。

[知识链接]

全国碳排放权交易市场交易规则

全国碳排放权交易市场交易规则主要包括控排企业确定、企业配额分配、碳排放权登记交易结算清缴、温室气体排放报告与核查、监督管理等关键环节。

控排企业确定。目前全国碳排放权交易市场仅将年度碳排放量达到 2.6 万吨二氧化碳当量（综合能源消费量约 1 万吨标准煤）的发电企业（含其他行业自备电厂），作为重点排放单位纳入覆盖范围。

配额分配。目前我国碳排放权交易市场采用基于强度控制的配额分配方法。企业的碳排放配额由履约期内实际产品产量和国家设定的单位产品碳排放基准水平共同确定，初期配额均为免费发放。

配额交易。纳入全国碳排放权交易市场的发电企业是交易主体，企业获得的碳排放配额是交易产品，主要交易方式包括大宗协议交易和挂牌协议交易两种。

排放核查。企业应根据有关技术规范，编制上报温室气体排放报告，并对报告的真实性、完整性、准确性负责。省级主管部门对温室气体排放报告进行核查，并将核查结果告知企业。

配额清缴。企业应在规定时限内向省级主管部门清缴履约周期内的碳排放配额，清缴量应不低于经省级主管部门核查确认的温室气体实际排放量。

抵销机制。企业可以使用国家核证自愿减排量（CCER）抵销碳排放配额的清缴。可用于抵销的国家核证自愿减排量，是指在我国境内实施并在国家温室气体自愿减排交易注册登记系统中登记的可再生能源、林业碳汇、甲烷利用等项目。

监管处罚。在碳排放报告阶段，企业虚报、瞒报、不报碳排放，将被责令限期改正并处罚款；逾期未改正的，由主管部门测算其实际碳排放量，并将该排放量作为碳排放配额清缴的依据，在下一年度碳排放配额中等量核减虚报、瞒报部分。在配额清缴阶段，企业未按时足额清缴碳排放配额的，将被责令限期改正并处罚款；逾期未改正的，在下一年度碳排放配额中等量核减欠缴部分。

（三）完善全国碳排放权交易市场

全国碳排放权交易市场是一项重大的制度创新，也是一项复杂的系统工程。要正确认识碳排放权交易本质，加快全国碳排放权交易市场建设，建立健全法律法规体系，强化数据质量管理，稳步推进市场升级扩容。

一是建立健全法律法规体系。积极推动出台碳排放权交易管理相关行政法规，提升全国碳排放权交易市场立法层级，进一步明确国务院各部门、地方主管部门、重点排放企业、全国碳排放权交易机构及注册登记机构的职责分工，完善配额分配、数据核查、信用监管、联合惩戒等相关制度体系。研究依法依规开展失信惩戒、没收违法所得、限制经营活动等更加严格的罚则，坚决惩治数据造假行为。

二是持续强化数据质量管理。数据质量是碳市场的生命线，数据造假行为严重动摇碳市场健康发展根基。要秉持"零容忍"态度，建立碳市场数据造假问题发现机制，对疑似存在造假问题的企业开展重点抽查检查，通过从业信息公开、业绩质量评估、违法行为曝光等举措进一步加强从业机构管理。完善温室气体排放数据核算、报告和核查技术规范，强化日常监管和业务培训，推动各级主管部门管理水平和管理能力持续提升。建立健全对弄虚作假等违法违规行为的有效管理和约束机制，加强对违规行为的规范和处罚。

三是稳步推进市场升级扩容。我国已陆续发布了24个行业的企业温室气体排放核算方法与报告指南，石化、化工、建材、钢铁、有色金属、造纸、电力、航空等重点排放行业温室气体排放年度报告工作已有序开展，相关行业碳配额分配研究深入推进。要结合法规政策、监管机制、标准规范建立健全情况，稳步推进碳排放权交易市场升级扩容。

要清醒认识到，碳排放权交易市场是为了控制二氧化碳排放、降低碳减排成本而设立的一项交易制度，交易主体是控排企业，交易产品是政府发放的碳排放配额，这与一般的股票等金融市场是有区别的。在交易运行过程中要着力避免过多炒作、过多投机和过多金融衍生产品。鼓励金融机构在充分做好风险防范基础上，围绕"双碳"稳步开展创新实践，但不能简单套用传统质抵押投融资模式推动碳排放权交易。

第十一讲
开展绿色低碳全民行动

深入实施绿色低碳全民行动，是一场价值观的绿色革命，要倡导简约适度、绿色低碳、文明健康的生活方式和消费模式，形成全民参与、共推"双碳"的良好氛围。

一、推进生活方式绿色低碳转型

聚焦机关、学校、社区等居民生活主要场所，开展绿色创建活动。突出节约减损主要环节，推进塑料污染全链条治理、生活垃圾分类、反食品浪费等工作，建立多方联动、相互促进的推进机制，加快推进生活方式绿色低碳转型。

（一）创建节约型机关

健全节约能源资源管理制度，强化能耗、水耗等目标管理，鼓励通过合同能源管理、合同节水管理等方式推动绿色化改造。着力推进终端用能电气化，大力推广太阳能光伏光热项目，严格控制煤炭消费。严格执行节能环保产品优先采购和强制采购制度，加快淘汰报废老旧柴油公务用车，因地制宜提升新增及更新公务用车新能源汽车配备比例。严格控制新建建筑，新建建筑全面执行绿色建筑一星级及以上标准，加大既有建筑节能改造力度，提高用能管理智能化水平。到 2025 年，力争 80% 以上的县级及以上机关达到节约型机关创建要求。

（二）创建绿色学校

根据不同年龄段学生的认识水平和成长规律，因地制宜开展生态文明教育，鼓励学生从多角度认识和理解绿色发展。施行校园绿色规划管理，按照绿色建筑标准设计、建造新建校园建筑，积极推进建筑节能、新能源利用、非常规水资源利用、可回收垃圾利用、材料节约与再利用等工作，持续提升能源资源利用效率。精心组织开展节能宣传周、全国低碳日、世界水日和中国水周、粮食安全宣传周等活动，培育绿色校园文化。鼓励有条件的大学加强生态学科专业建设，大力推进绿色创新项目研发，加强绿色科技创新和成果转化，培养绿色低碳领域高素质人才。

（三）创建绿色社区

建立健全社区人居环境建设和整治制度，搭建沟通议事平台，开展多种形式基层协商。以城镇老旧小区改造、市政基础设施和公共服务设施维护为抓手，有序推进节能节水、绿化环卫、垃圾分类、设施维护等工作，提升社区基础设施绿色化水平。因地制宜开展人居环境建设和整治，合理布局和建设绿地，优化停车及充电设施管理，加强噪声治理，营造宜居环境。搭建社区公共服务综合信息平台，整合社区安保、公共设施管理、环境卫生监测等数据信息，提高社区信息化智能化水平。培育社区绿色文化，开展绿色生活主题宣传，贯彻共建共治共享理念，发动居民广泛参与。

（四）推动塑料污染全链条治理

积极推动塑料生产和使用源头减量，推行塑料制品绿色设计，科学稳妥推广塑料替代产品。加强宣传教育与科学普及，培养消费者少用一次性塑料制品的消费习惯。建立健全一次性塑料制品使用、回收情况报告制度，督促指导电子商务、外卖等平台企业和快递企业落实报告主体责任。在全国范围内推广标准化物流周转箱循环共用和可循环快递包装规模化应用。加强塑料废弃物规范回收和清运，建立完善农村塑料废弃物收运处置体系，持续加强农膜回收利用和处置。开展江河湖海塑料垃圾专项清理整治，加大常态化清理工作力度。加大塑料废弃物再生利用，进一步增强生活垃圾焚烧处理能力，提升塑料垃圾无害化处置水平。

（五）深入推进生活垃圾分类

将生活垃圾分类作为加强基层治理的重要内容，加大力度普及分类知识，规范垃圾分类投放方式，进一步健全分类收集转运设施，推动垃圾分类成为居民自觉行动。鼓励产品生产、实体销售、快递、外卖和资源回收等企业积极参与生活垃圾分类工作，鼓励探索运用大数据、人工智能、物联网、互联网、移动端APP等技术手段，加大生活垃圾分类的宣传力度，注重典型引路、正面引导，全面客观报道生活垃圾分类政策措施及其成效，营造良好舆论氛围。到2025年，基本建立配套完善的生活垃圾分类法律法规制度体系，全国生活垃圾分类收运能力达到 70 万吨 / 日左右。

（六）全面加强反食品浪费

完善餐饮行业反食品浪费制度，鼓励引导餐饮服务经营者提示消费者按需适量点餐，主动提供"小份菜""小份饭"等服务。加强公共机构餐饮节约，加强食品采购、储存、加工动态管理，实施机关食堂反食品浪费工作成效评估和通报制度。加强公务活动用餐节约，切实加强公务接待、会议、培训等用餐管理。建立健全学校餐饮节约管理长效机制。加强公众膳食营养科普知识宣传，倡导营养均衡、科学文明的饮食习惯，鼓励家庭按需采买食品、充分利用食材。建立食品捐赠需求对接机制，健全临期食品销售体系，促进食品合理利用。

二、积极扩大绿色产品服务供给

引导形成绿色消费模式，离不开绿色低碳产品和服务的有效供给。要深化供给侧结构性改革，不断提升绿色产品和服务的供给规模、供给质量，进一步释放绿色消费需求。

（一）打造绿色低碳产业供应体系

以核心企业为主导，加快构建涵盖上下游各主体、产供销各环节的全生命周期绿色供应链体系，带动上游供应商和服务商生产领域绿色化改造，鼓励下游企业、商户和居民自觉开展绿色采购，激发全社会生产和消费绿色低碳产品和服务的内生动力。加快发展绿色物流配送，促进快递包装绿色转型，加快城乡物流配送体系和快递末端设施建设，创新绿色低碳、集约高效的配送模式。

（二）扩大绿色产品供给规模

引导企业提升绿色创新水平，研发和引进先进适用的绿色低碳技术，推行绿色设计和绿色制造，加大力度生产符合绿色低碳要求、生态环境友好、应用前景广阔的产品，扩大有效供给。推动电商平台和商场、超市等流通企业设立绿色低碳产品销售专区，积极推广绿色低碳产品。积极发展家电、消费电子产品和服装等二手交易，鼓励社区定期组织二手商品交易活动，拓宽闲置资源共享利用和二手交易渠道。

（三）有序引导文化旅游领域绿色消费

将绿色设计、节能管理、绿色服务等理念融入景区运营，降低对资源和环境消耗，实现景区资源高效、循环利用。完善机场、车站、码头等游客集聚区域与重点景区景点交通转换条件，推进骑行专线、登山步道等建设，鼓励引导游客采取公共交通、步行、自行车等低碳出行方式。制定发布绿色旅游消费公约或指南，加强公益宣传，规范引导景区、旅行社、游客等践行绿色旅游消费。

三、推动建立绿色消费支撑保障体系

绿色消费发展不仅取决于供给和需求两端，也有赖于公平公正、保障有力的市场和政策环境。要从法律法规、标准认证、统计监测、信息服务等多维度发力，加快构建促进绿色消费的支撑保障体系。

（一）加快健全绿色消费法律法规

完善绿色消费相关法律法规，倡导遵循减量化、再利用、资源化原则，明确提出采购、制造、流通、使用、回收、处理等各环节绿色消费要求。推动修订循环经济促进法、政府采购法、废弃电器电子产品回收处理管理条例，研究制定新能源汽车动力蓄电池回收利用管理办法等专项法规，明确政府、企业、社会组织、消费者等不同主体责任义务。

（二）建立健全标准认证体系

进一步完善并强化绿色低碳产品、服务的相关标准、认证体系，加强与国际标准衔接，推动提升绿色标识产品市场认可度和质量效益。健全绿色能源消费认证标识制度，建立完善绿色设计和绿色制造标准体系，加快节能标准更新升级。制定重点行业产品温室气体排放标准，探索建立重点产品全生命周期碳足迹标准。

（三）建立统计监测体系和消费信息平台

探索建立绿色消费统计制度，加强对绿色消费的数据收集、统计监测和分析预测。研究建立综合与分类相结合的绿色消费指数和评价指标体系，科学评价不同地区、不同领域绿色消费水平和发展变化情况。探索搭建专门性的绿色消费指导机构和全国统一的绿色消费信息平台，统筹指导并定期发布绿色低碳产品清单和购买指南，提高绿色低碳产品生产和消费透明度，引导并便利机构、消费者等主体选择采购。

（四）推广市场化激励措施

探索实施全国绿色消费积分制度，鼓励地方结合实际建立本地绿色消费积分制度，以兑换商品、折扣优惠等方式鼓励绿色消费。鼓励各类销售平台制定绿色低碳产品消费激励办法，通过发放绿色消费券、直接补贴、降价降息等方式激励绿色消费。鼓励行业协会、平台企业、制造企业、流通企业等共同发起绿色消费行动计划，推出更丰富的绿色低碳产品和绿色消费场景。

第十二讲
加强基础能力建设

做好碳达峰碳中和工作必须夯实基础能力，加强人才队伍建设，构建碳排放统计核算体系和标准计量体系，提高对外合作交流水平，扎扎实实把中央决策部署落到实处。

一、加强人才队伍建设

当前，我国深入推进碳达峰碳中和工作，产业结构转型、能源结构调整等任务艰巨繁重，面临的挑战前所未有，需进一步加大专业人才培养力度，加快补齐人才短板。

（一）完善碳达峰碳中和高等教育体系

高等学校是培育"双碳"人才的关键，要针对本科生和研究生教育特点，优化学科专业设计，加强通识教育，打好科研基础，完善核心知识体系，强化教学资源配置。

一是优化学科专业结构。将碳达峰碳中和相关核心学科专业纳入急需学科专业引导发展清单。支持高校和科研院所增设储能、氢能、碳捕集利用与封存、碳排放权交易、碳汇、绿色金融等碳达峰碳中和急需紧缺专业点，推动传统专业转型升级。实施交叉学科人才培养专项计划，加强与前沿学科深度融合发展。

二是统筹推进研究生和本科生教育培养。加快推进研究生教育，稳步增加研究生招生计划数量。稳步推进本科生教育，组织高校开设碳达峰碳中和通识课程、辅修专业及能力提升项目。深化科教融合，鼓励学生早进课题、早进实验室、早进研发团队。

三是完善核心知识体系和教学资源。加强学科融合贯通，建立覆盖全面、设置合理的碳达峰碳中和核心知识体系。深入开展"双碳"基础理论研究，加快编制跨领域综合性知识图谱。组织编写一批精品教材，形成优质资源库。加快完善碳达峰碳中和领域专业培养方案和教学大纲，推出一批国家级精品课程。加强师资队伍建设，提升教学水平和实践能力。

（二）建立科技创新人才培养体系

高水平科技自立自强是实现碳达峰碳中和目标的关键所在。要深入实施新时代人才强国战略，强化企业创新主体地位，加快建设碳达峰碳中和人才中心和创新高地。

一是加强科研基地和创新平台建设。优化碳达峰碳中和领域科技创新体系布局，部署一批核心科学和重大技术攻关项目。针对碳达峰碳中和重点领域科研需求，加快推动创新平台建设和重组。鼓励地方政府与高校、科研院所、骨干企业等联合设立新型研发机构。

二是着力培养科技人才和创新团队。充分运用中央财政资金，稳定支持"双碳"科研活动。组织实施国家自然科学基金、国家社会科学基金项目，开展"双碳"重大基础科学、重大理论和实践问题研究。加快培养碳达峰碳中和领域战略科学家、科技领军人才和创新团队，有序提高国家重大人才计划中相关研究人员比例。

三是加快培养青年科技人才和卓越工程师。在国家重点研发计划、国家自然科学基金、国家社会科学基金中设立专门的"双碳"青年项目或课题，组织高校、科研院所制定青年科技人才支持专项。国家重大人才计划对碳达峰碳中和领域青年科技人才予以倾斜。推进产学研深度融合，培养面向产业需求的卓越工程师。

（三）壮大高水平技术技能人才队伍

技术技能工作者所处的生产和服务岗位是"双碳"各项举措落地见效的第一线。为确保"双碳"政策扎实落地，迫切需要强化技术技能人才教育培养，壮大高水平人才队伍。

一是强化技术技能人才职业教育。结合碳达峰碳中和生产、服务等一线人才需求，修订完善职业教育专业目录。组织职业院校加强工业节能、新能源发电、新能源汽车、绿色建造等专业建设，逐步设立碳排放统计核算、碳排放计量监测等新兴专业或课程。加大职业教育实训基地建设、职业教育产教融合工程和现代职业教育质量提升计划对"双碳"技术技能人才培养的支持力度。

二是统筹有序建立职业体系。根据国家职业分类原则，逐步建立涵盖碳排放监测、核算、核查、交易、评估、咨询等环节的多层次职业体系。及时明确碳排放管理员等新兴职业标准，积极有序推进技能等级评价。研究制定碳排放权交易从业人员和第三方机构管理规则，研究编制绿色金融从业规范标准，加强从业行为监管。

三是积极规范开展职业培训。鼓励各地根据工作需要开展碳达峰碳中和相关专业技术技能培训。发挥行业协会、骨干企业、院校和社会化培训机构作用，规范有序开展碳达峰碳中和相关职业培训。加强教育培训机构监督管理，对冒用资质、虚假宣传、乱收费、乱发证等行业乱象依法依规加以整治。

二、强化数据标准支撑

权威、真实、准确的碳排放数据和完善健全的标准计量体系是推进碳达峰碳中和的重要基础和关键支撑。强化相关基础能力建设，是碳达峰碳中和政策制定、工作推动、考核评价、谈判履约的重要依据。

（一）加快构建统一规范的碳排放统计核算体系

此前我国碳排放统计核算主要服务于国际履约需要，以编制国家温室气体清单的形式开展，探索性、研究性较强，工作体系相对松散。在碳达峰碳中和背景下，建立统一规范的碳排放统计核算体系，系统掌握我国碳排放总体情况，是统筹有序推进政策制定和监督考核等重要工作的数据支撑与基础保障。

一是建立全国及地方碳排放统计核算制度。加快制定全国及省级地区碳排放统计核算方法，明确有关部门和地方对能源活动、工业生产过程、排放因子、电力输入输出等相关基础数据的统计责任，组织开展全国及省级地区年度碳排放总量核算。鼓励各地区参照国家及省级地区碳排放统计核算方法，按照数据可得、方法可行、结果可比的原则，制定省级以下地区碳排放统计核算方法。

二是完善行业企业碳排放核算机制。组织制修订电力、钢铁、有色金属、建材、石化、化工、建筑等重点行业碳排放核算方法及相关国家标准,加快建立覆盖全面、算法科学的行业碳排放核算方法体系。根据碳排放权交易、绿色金融等工作需要,有序推进重点行业企业碳排放报告与核查机制,适时组织制定进一步细化的企业或设施碳排放核算方法或指南。

三是建立健全重点产品碳排放核算方法。研究制定重点行业产品的原材料、半成品和成品的碳排放核算方法,优先聚焦电力、钢铁、电解铝、水泥、石灰、平板玻璃、炼油、乙烯、合成氨、电石、甲醇及现代煤化工等行业和产品,逐步扩展至其他行业产品和服务类产品。推动适用性好、成熟度高的核算方法逐步成为国家标准,指导企业和第三方机构开展产品碳排放核算。探索建立碳标签认证体系。

四是完善国家温室气体清单编制机制。根据《联合国气候变化框架公约》秘书处工作要求,组织好数据收集、报告撰写和国际审评等工作,按照履约要求编制国家温室气体清单,建立常态化管理和定期更新机制。进一步加强动态排放因子等新方法学在国家温室气体清单编制中的应用,推动清单编制方法与国际要求接轨。鼓励有条件的地区编制省级温室气体清单。

五是强化碳排放统计核算基础保障。加大对碳排放统计核算、国家温室气体清单编制的资金支持,按照分级保障原则合理安排财政经费预算。强化碳排放统计核算基层机构和队伍建设,加强行业机构资质和从业人员管理。推动建立国家温室气体排放因子数据库,建立健全覆盖面广、适用性强、可信度高的排放因子编制和更新体系。加强碳排放统计核算信息化能力建设,加快推进第五代移动通信、大数据、云计算、区块链等现代信息技术的应用。积极开展碳排放方法学研究,积极参与碳排放国际标准制定。

（二）健全碳达峰碳中和标准体系

标准是实现降碳目标的技术手段，是推动绿色低碳发展的技术法规，也是国际应对气候变化规则的有机组成部分。要按照需求导向、先进适用、急用先行的原则，统筹推进碳达峰碳中和标准体系建设，为如期实现碳达峰碳中和提供保障支撑。

一是强化基础通用标准建设。制定碳排放术语、分类、碳信息披露等基础标准。完善地区、行业、企业、产品等不同层面碳排放监测、核算、报告、核查标准。制定绿色低碳产品、企业、园区、技术等通用评价类标准。研究制定不同应用场景的碳达峰碳中和相关规划设计、实施评价等通用标准。

二是推进能源标准制修订。加快节能标准更新升级，提升重点行业单位产品能耗限额要求，扩大能耗限额标准覆盖范围，推动能效和企标"领跑者"工作。健全可再生能源技术标准，开展关键装备和系统设计、制造、维护、废弃后回收利用等标准制修订，推进多能互补、综合能源服务等标准研制。建立覆盖制储输用等各环节的氢能标准体系。加快新型电力系统标准制修订，重点推进智能电网、新型储能标准制定，逐步完善源网荷储一体化标准体系。完善化石能源清洁低碳利用标准，研制煤炭绿色智能开采、选煤洁净生产、清洁低碳高效利用、含碳量和热值分析等相关标准，研究完善石油天然气开采、储存、加工、运输等节能低碳生产技术标准。

三是筑牢绿色生产标准基础。工业领域，加快钢铁、石化、化工、有色金属等重点行业节能低碳技术、绿色制造等关键标准制修订，研制循环经济、清洁生产、大宗固废综合利用标准。交通领域，加快公路、水运、铁路、城市轨道交通、民航等交通基础设施和运输装备节能降碳设计、建设、运营、监控、评价等标准制修订，完善绿色物流标准。建筑领域，建立绿色建造标准，完善绿色建筑设计、施工、运维、管理标准，分类编制节约型机关、绿色学校、绿色场馆等评价标准。农业农村领域，重点开展降低碳排放强度、可再生能源抵扣标准研制，完善工业化农业、规模化养殖、农业机械等节能低碳标准。

四是布局碳移除标准。生态系统固碳增汇领域，制定术语、分类、边界、监测、计量等通用标准，制定森林、草原、湿地、荒漠、矿山、海洋等资源保护、生态修复及经营增汇减排技术标准，以及林草资源保护和经营技术等标准。碳捕集利用与封存领域，加快研制相关术语、监测、分类评估等基础标准，制定工业分离、化石燃料燃烧前捕集、燃烧后捕集、富氧燃烧捕集等技术标准，碳运输技术标准，地质封存、海洋封存、碳酸盐矿石封存等碳封存技术标准，开展地质利用、化工利用、生物利用等碳应用技术标准研制。

五是健全市场标准。完善绿色金融产品服务、绿色征信、绿色债券信用评级、碳中和债券评级评估、绿色金融信息披露、绿色金融统计等标准。加快碳排放权交易标准制修订，研究碳排放权交易实施规范、交易机构和人员要求等标准，推动自愿减排交易相关标准制修订。丰富环境权益融资工具。加快推进生态产品价值核算、认证评价、减碳成效评估标准制定。

（三）建立健全碳计量体系

碳计量是推动绿色低碳转型的重要基础，先进的计量技术、科学的计量方法、可靠的计量服务将为各领域碳达峰碳中和工作提供更加准确、全面、系统的数据支撑和保障。

一是完善计量技术体系。加强碳计量基础前沿技术研究，建立健全碳计量基准、计量标准和标准物质体系，提升碳排放测量和碳监测能力。加快绿色低碳共性关键计量技术研究，加强碳计量监测设备和校准设备的研制与应用，推动相关计量器具智能化、数字化、网络化发展。加强重点领域计量技术研究，提升碳排放和碳监测数据准确性和一致性。

二是加强计量管理体系建设。加强碳达峰碳中和相关计量制度研究，研究建立碳计量监测、审查和评价等制度，推进能源计量与碳计量有效衔接。加强碳计量政策研究和计量技术规范制修订，强化碳排放和碳计量监测数据规范性要求。开展重点排放单位能源计量审查和碳排放计量审查，强化碳计量要求，督促合理配置和使用计量器具，建立健全碳排放监测管理体系。

三是健全计量服务体系。搭建碳计量公共服务平台，共享碳计量技术资源，为政府、行业、企业提供差异化、多样化、专业化服务。建立健全电力、钢铁、建筑等重点行业领域能耗监测和碳计量服务体系，强化相关数据采集、监测、分析和应用。积极培育和发展第三方碳计量服务机构，强化对第三方机构的监督管理。

三、提高对外合作交流水平

作为世界上最大的发展中国家，我国的历史累积二氧化碳排放、人均二氧化碳排放均显著低于主要发达国家。未来一个时期，我国经济还将长期持续增长，面临的国际减排压力与日俱增，要坚守发展中国家定位，坚持以我为主，统筹做好碳达峰碳中和对外工作，认真履行国际义务，推动构建公平合理、合作共赢的全球气候治理体系，与国际社会携手应对气候变化挑战，保护好人类共同的地球家园。

（一）认真履行国际义务

我国重信守诺，认真履行《联合国气候变化框架公约》及其《巴黎协定》要求，做好国内政策举措和国际履约要求的统筹衔接。定期更新国家自主贡献，推动落实《中国本世纪中叶长期温室气体低排放发展战略》，按期编制和提交国家信息通报和两年更新报告，全面准确体现我国落实碳达峰碳中和目标进展、减缓和适应气候变化成效、温室气体清单编制等相关信息。加强对国家自主贡献的评估，积极参与《巴黎协定》全球盘点。

（二）积极参加国际谈判

坚持共同但有区别的责任原则、公平原则和各自能力原则，坚持多边主义，维护以联合国为核心的国际体系，全面参与并统筹做好能源转型、节能增效、民航、海运、贸易、林草、生物多样性等应对气候变化及相关领域谈判磋商，主动参与关键议题和《巴黎协定》实施细则谈判，适时提出中国方案和中国倡议，在全球共同行动中磋商"最大公约数"。深入参与政府间气候变化专门委员会相关工作，为气候变化科学评估、科学应对贡献中国智慧。

（三）开展多层次国际交流合作

积极与各国开展务实合作，不断扩大碳达峰碳中和"朋友圈"。提出全球发展倡议，将气候变化和绿色发展列入重点合作领域，推动建立全球清洁能源合作伙伴关系。落实中美应对气候危机联合声明和格拉斯哥联合宣言，在能源清洁转型、循环经济、碳捕集利用与封存等领域开展合作。发挥中欧环境与气候高层对话机制作用，拓展与欧盟和欧洲主要国家清洁能源合作，加强政策对话与产业间务实合作。加强与立场相近发展中国家、非洲国家、小岛屿国家、最不发达国家等在绿色低碳循环发展等领域合作，就应对气候变化政策、资金、技术问题开展广泛交流。进一步深化应对气候变化南南合作，做优做精清洁能源、气候适应、环境保护等领域援助项目，支持发展中国家加强应对气候变化能力建设。

我国坚持在国际能源署、国际可再生能源署、二十国集团、亚太经合组织、金砖国家、上合组织、中国—东盟、中国—阿盟、中国—非盟、中国—中东欧等框架下推进国际清洁能源合作，在国际能效中心、二十国集团等框架下推进国际能效合作，主动推进在二十国集团、国际货币基金组织、国际证监会组织、央行与监管机构绿色金融网络等多边平台下的绿色金融合作，加强与世界银行、亚洲基础设施投资银行、亚洲开发银行、新开发银行、全球环境基金、绿色气候基金等国际金融机构和机制合作，在国际标准化组织可持续金融技术委员会下发布可持续金融等国际标准。鼓励地方政府同有关国家的地方政府开展多渠道的国际交流活动。支持企业、行业组织在标准制定、技术研发、成果转化、示范项目等方面开展国际合作。

（四）推动境外投资和对外贸易绿色发展

加强对"走出去"企业的监督指导，严格遵守东道国环境保护法律法规要求，开展境外生产经营活动。优化贸易结构，大力发展高质量、高技术、高附加值绿色产品贸易，加强节能环保产品和服务进出口。做好绿色贸易规则与进出口政策的衔接。大力支持发展中国家绿色低碳发展，全面停止新建境外煤电项目，稳慎推进在建境外煤电项目，推动建成境外煤电项目绿色低碳发展。深化与共建"一带一路"国家绿色清洁能源合作，鼓励太阳能发电、风电等企业"走出去"，促进新能源技术和产品出口。充分发挥"一带一路"绿色发展国际联盟、"一带一路"能源合作伙伴关系、《"一带一路"绿色投资原则》作用。

（五）讲好中国绿色发展故事

坚持"既要做也要说"，大力宣传习近平生态文明思想，全面介绍我国推进碳达峰碳中和工作的重大意义。在《联合国气候变化框架公约》缔约方大会、重要国际会议等场合，采用贴近不同区域、不同国家、不同受众的精准传播方式，通过发布白皮书、编译政策文件外文版、举行新闻发布会、组织外媒采访等多种形式，深入解读碳达峰碳中和"1+N"政策体系及工作举措，广泛宣介积极成效。全方位展示我国推进绿色低碳转型和高质量发展的坚定决心和扎实行动，增进国际社会对我国的了解，分享我国生态文明、绿色发展理念与实践经验，为建设清洁美丽世界贡献中国智慧、中国方案、中国力量。

第十三讲
加强党对碳达峰碳中和工作的领导

在推进碳达峰碳中和工作中，要加强党中央集中统一领导，确保充分发挥党总揽全局、协调各方的领导核心作用，推动各级党委和政府坚决扛起责任，着力提高广大党员干部做好碳达峰碳中和工作的能力和本领，确保党中央关于碳达峰碳中和各项决策部署落地见效。

一、实现碳达峰碳中和必须加强党的领导

坚持党的全面领导是坚持和发展中国特色社会主义的必由之路。党政军民学，东西南北中，党是领导一切的。推进碳达峰碳中和工作，必须加强党中央的集中统一领导。

2021年3月15日，习近平总书记主持召开中央财经委员会第九次会议。会议强调，实现碳达峰碳中和是一场硬仗，也是对我们党治国理政能力的一场大考。要加强党中央集中统一领导，完善监督考核机制。各级党委和政府要扛起责任，做到有目标、有措施、

有检查。领导干部要加强碳排放相关知识的学习，增强抓好绿色低碳发展的本领。

2021 年 4 月 30 日，习近平总书记在主持中央政治局第二十九次集体学习时指出，实现碳达峰碳中和是我国向世界作出的庄严承诺，也是一场广泛而深刻的经济社会变革，绝不是轻轻松松就能实现的。各级党委和政府要拿出抓铁有痕、踏石留印的劲头，明确时间表、路线图、施工图，推动经济社会发展建立在资源高效利用和绿色低碳发展的基础之上。

2022 年 1 月 24 日，习近平总书记在主持中央政治局第三十六次集体学习时强调，要加强党对"双碳"工作的领导，加强统筹协调，严格监督考核，推动形成工作合力。要实行党政同责，压实各方责任，将"双碳"工作相关指标纳入各地区经济社会发展综合评价体系，增加考核权重，加强指标约束。各级领导干部要加强对"双碳"基础知识、实现路径和工作要求的学习，做到真学、真懂、真会、真用。要把"双碳"工作作为干部教育培训体系重要内容，增强各级领导干部推动绿色低碳发展的本领。

推进碳达峰碳中和，必须坚决维护以习近平同志为核心的党中央权威和集中统一领导，充分发挥党的领导政治优势，把党的领导落实到碳达峰碳中和工作各领域各方面各环节。

二、强化碳达峰碳中和工作组织实施

推进碳达峰碳中和工作，是一项重大的政治任务。在党中央坚强领导下，在碳达峰碳中和工作领导小组直接指导下，碳达峰碳中和工作领导小组办公室强化工作统筹协调，认真抓好组织实施，科学开展评价考核，推动碳达峰碳中和工作有力有序有效开展。

一是加强统筹协调，形成"双碳"工作合力。履行好碳达峰碳中和工作领导小组办公室工作职责，健全"双碳"日常工作运行机制，一体谋划、一体部署、一体推进重大任务。督促协调各地区、各部门制定相关政策文件，着力加强各领域各环节政策措施的系统集成和协同高效，协同推进工作落实。调动和激发各方面工作的主动性、积极性、创造性，谋划实施重大工程项目、重要改革举措、重点推进事项，不折不扣抓好贯彻落实。

二是细化分解目标，落实落细"双碳"工作。按照中央碳达峰碳中和顶层设计明确的时间表、路线图、施工图，根据国内经济社会发展和国际应对气候变化形势，科学分解各项目标任务，研究拟定碳达峰碳中和年度工作要点，组织各地区、各部门推进相关工作，不搞简单化层层分解。建立健全重点工作督促落实机制，做好任务分解、定期调度、督查评估，督促各方面高质量完成工作任务，确保中央决策部署落地见效。

三是聚焦重点领域和关键环节，开展重大问题研究。坚持目标导向和问题导向，根据"双碳"不同阶段工作特点，结合地方、部门、行业绿色低碳发展实际，开展能源转型、产业发展、政策机制、基础能力等深层次重大问题研究，着力破除制约绿色低碳发展的堵点卡点，提出有针对性和可操作性的政策举措，滚动推进政策储备。持续跟踪、深入研判国际应对气候变化形势和国内碳达峰碳中和工作进展，加强战略性、系统性、前瞻性研究，增强形势预研预判能力，提出有效应对举措。

四是科学开展考核，形成有效激励约束机制。统筹建立系统完善的碳达峰碳中和综合评价考核制度，组织开展各地区碳达峰碳中和目标任务年度评估。加强监督考核结果应用，形成奖优罚劣的激励约束机制，对工作突出的地区、单位和个人按规定给予表彰奖励，对未完成目标任务的地区、部门依规依法实行通报批评和约谈问责。

三、增强各级领导干部推动绿色低碳发展的能力和本领

实现碳达峰碳中和，将全面重塑我国经济发展方式和生产生活模式，面临突破资源环境瓶颈约束、补齐科技创新和产业升级短板、建立健全促进绿色低碳发展长效机制、坚决维护我国发展权益等重大机遇和挑战，对领导干部的思维能力、专业水平、工作作风等提出了新的更高要求。要针对党政领导干部、职能部门干部、国有企业领导人员等不同特点，分类分级开展教育培训工作，填补知识空白、扫清经验盲区、补齐能力弱项，切实提高各级领导干部推进碳达峰碳中和工作的责任担当和工作能力。

加强干部碳达峰碳中和教育培训，必须把学习贯彻习近平经济思想和习近平生态文明思想作为重中之重，围绕习近平总书记关于碳达峰碳中和系列重要论述开展专题学习，组织干部原原本本研读原文原著，深刻领会和准确把握重大意义、核心要义、精神实质、丰富内涵、思想方法和实践要求，教育引导干部深刻认识实现碳达峰碳中和的重要性、艰巨性、复杂性、系统性，更加自觉主动做好碳达峰碳中和工作。要深入学习碳达峰碳中和顶层设计文件和"1+N"政策体系，领会和把握推进碳达峰碳中和工作的指导思想、基本原则、主要目标、重点任务、实现路径、工作要求等，推动中央决策部署落实落地并见到实效。要认真学习掌握碳达峰碳中和基础知识、全球气候治理进程、我国应对气候变化成效、重点领域绿

色低碳发展路径和相关法规政策要求、市场机制设计、关键核心技术等知识，提升工作决策和政策制定水平。各地区、各部门要将碳达峰碳中和作为党委（党组）理论中心组学习重要内容，牢固树立正确政绩观，提高党委（党组）决策和组织实施能力。围绕履职尽责，加强对各级职能部门干部的专题培训，组织开展国有企业相关领导人员专题培训，着力提升专业素养和业务能力。坚持在学中干、在干中学，适时总结提炼典型经验做法并加以推广，掌握科学工作方法。

各地区、各部门要深入贯彻习近平经济思想和习近平生态文明思想，深入学习领会习近平总书记关于碳达峰碳中和重要讲话精神，认真贯彻落实党中央、国务院关于碳达峰碳中和重大决策部署，增强"四个意识"、坚定"四个自信"、做到"两个维护"，牢记"国之大者"，切实提高推进碳达峰碳中和工作的政治判断力、政治领悟力、政治执行力，深刻把握经济社会发展和生态文明建设规律，从全局高度理解、把握、推动碳达峰碳中和工作，保持战略定力、科学把握节奏、狠抓工作落实，推动碳达峰碳中和目标如期实现，开创人与自然和谐共生新境界。

后 记

本书由国家发展改革委和中央组织部牵头，外交部、教育部、科技部、工业和信息化部、司法部、财政部、人力资源社会保障部、自然资源部、生态环境部、住房城乡建设部、交通运输部、农业农村部、商务部、中国人民银行、税务总局、市场监管总局、国家统计局、国家国际发展合作署、中国气象局、中国银保监会、中国证监会、国家能源局、国家林草局、国家铁路局、中国民航局、国家邮政局，中国循环经济协会、中国国际工程咨询有限公司、中国宏观经济研究院、中国科学院科技战略咨询研究院、中国财政科学研究院等单位参与编写。国家发展改革委主任何立峰、副主任赵辰昕、副秘书长苏伟对本书的编写给予了具体指导。参与本书编写的人员有：刘德春、赵鹏高、熊哲、王静波、赵怡凡、王志轩、楼鹏康、王浩、杨鑫、惠婧璇、张晶杰、王晨龙、孙颖、木其坚、李永亮等。参与本书审读的人员有：朱黎阳、王学军、白泉、杨春平、熊华文。

在编写过程中，国家发展改革委资源节约和环境保护司、中央组织部干部教育局负责组织协调工作，党建读物出版社等单位给予了大力支持。在此，谨向所有给予本书帮助支持的单位和同志表示衷心感谢。

碳达峰碳中和工作领导小组办公室
全国干部培训教材编审指导委员会办公室
2022 年 7 月

图书在版编目（CIP）数据

碳达峰碳中和干部读本 / 碳达峰碳中和工作领导小组办公室，全国干部培训教材编审指导委员会办公室组织编写. — 北京：党建读物出版社，2022.7

ISBN 978-7-5099-1279-9

Ⅰ.①碳… Ⅱ.①碳… ②全… Ⅲ.①二氧化碳—排气—中国—干部教育—学习参考资料 Ⅳ.①X511

中国版本图书馆CIP数据核字（2022）第060211号

碳达峰碳中和干部读本

TANDAFENG TANZHONGHE GANBU DUBEN

碳达峰碳中和工作领导小组办公室
全国干部培训教材编审指导委员会办公室　组织编写

责任编辑：郝英明　朱瑞婷

责任校对：张学民

封面设计：刘伟

出版发行：党建读物出版社

地　　址：北京市西城区西长安街80号东楼（邮编：100815）

网　　址：http://www.djcb71.com

电　　话：010-58589989 / 9947

经　　销：新华书店

印　　刷：北京汇林印务有限公司

2022年7月第1版　2022年7月第1次印刷

710毫米×1000毫米　16开本　9.75印张　107千字

ISBN 978-7-5099-1279-9　定价：20.00元